Othman Nasri

Vérification de la Sûreté des Systèmes Hybrides

Othman Nasri

Vérification de la Sûreté des Systèmes Hybrides

Calcul d'Atteignabilité par Abstractions Linéaires

Presses Académiques Francophones

Mentions légales / Imprint (applicable pour l'Allemagne seulement / only for Germany)
Information bibliographique publiée par la Deutsche Nationalbibliothek: La Deutsche Nationalbibliothek inscrit cette publication à la Deutsche Nationalbibliografie; des données bibliographiques détaillées sont disponibles sur internet à l'adresse http://dnb.d-nb.de.

Toutes marques et noms de produits mentionnés dans ce livre demeurent sous la protection des marques, des marques déposées et des brevets, et sont des marques ou des marques déposées de leurs détenteurs respectifs. L'utilisation des marques, noms de produits, noms communs, noms commerciaux, descriptions de produits, etc, même sans qu'ils soient mentionnés de façon particulière dans ce livre ne signifie en aucune façon que ces noms peuvent être utilisés sans restriction à l'égard de la législation pour la protection des marques et des marques déposées et pourraient donc être utilisés par quiconque.

Photo de la couverture: www.ingimage.com

Editeur: Presses Académiques Francophones est une marque déposée de
Südwestdeutscher Verlag für Hochschulschriften GmbH & Co. KG
Heinrich-Böcking-Str. 6-8, 66121 Sarrebruck, Allemagne
Téléphone +49 681 37 20 271-1, Fax +49 681 37 20 271-0
Email: info@presses-academiques.com

Produit en Allemagne:
Schaltungsdienst Lange o.H.G., Berlin
Books on Demand GmbH, Norderstedt
Reha GmbH, Saarbrücken
Amazon Distribution GmbH, Leipzig
ISBN: 978-3-8381-7197-5

Imprint (only for USA, GB)
Bibliographic information published by the Deutsche Nationalbibliothek: The Deutsche Nationalbibliothek lists this publication in the Deutsche Nationalbibliografie; detailed bibliographic data are available in the Internet at http://dnb.d-nb.de.

Any brand names and product names mentioned in this book are subject to trademark, brand or patent protection and are trademarks or registered trademarks of their respective holders. The use of brand names, product names, common names, trade names, product descriptions etc. even without a particular marking in this works is in no way to be construed to mean that such names may be regarded as unrestricted in respect of trademark and brand protection legislation and could thus be used by anyone.

Cover image: www.ingimage.com

Publisher: Presses Académiques Francophones is an imprint of the publishing house
Südwestdeutscher Verlag für Hochschulschriften GmbH & Co. KG
Heinrich-Böcking-Str. 6-8, 66121 Saarbrücken, Germany
Phone +49 681 37 20 271-1, Fax +49 681 37 20 271-0
Email: info@presses-academiques.com

Printed in the U.S.A.
Printed in the U.K. by (see last page)
ISBN: 978-3-8381-7197-5

N° d'ordre : 3685

Supélec IETR
INSTITUT D'ELECTRONIQUE ET DE TELECOMMUNICATIONS DE RENNES
UMR CNRS 6164

Thèse

présentée devant

l'UNIVERSITÉ DE RENNES I

pour obtenir le grade de

Docteur de l'Université de Rennes I

Mention : *Traitement du Signal et Télécommunication*

par

Othman Nasri

Équipe d'accueil : Automatique des Systèmes Hybrides de Supélec, groupe de recherche Automatique et Communication de l'IETR

École doctorale : Matisse

Composante universitaire : Structure et Propriétés de la Matière

Vérification de la Sûreté des Systèmes Hybrides : Calcul d'Atteignabilité par Abstractions Linéaires

Soutenue le 18 décembre 2007 devant la commission d'Examen

Composition du jury

Rapporteurs

M. Nacim RAMDANI	Maître de conférences, HDR
M. Jean-Louis FERRIER	Professeur

Examinateurs

M. Hervé GUEGUEN	Directeur de thèse
Mme.Marie-Anne LEFEBVRE	Co-encadrante de thèse
M. Guy CARRAULT	Professeur

Table des matières

Chapitre 1

Introduction, Contexte et Problématique

1.1 Introduction

Traditionnellement, l'étude des systèmes dynamiques s'est faite suivant deux types de technologies, mises en oeuvre selon des méthodologies [1] qui leur étaient propres et par des personnels d'origine différente : les systèmes à événements discrets et les systèmes continus [1].

Les systèmes à événements discrets sont des systèmes dont les composants sont caractérisés par des états énumérés : ouvert ou fermé, marche ou arrêt, sorti ou rentré... L'étude de ces systèmes est classiquement basée sur la prise en compte de la chronologie des états, leur séquencement, par des méthodes états-transitions assorties d'une représentation graphique : automates à états finis, graphes d'état, réseaux de Petri, Grafcet.

Quant aux systèmes continus, ils sont constitués d'éléments caractérisés par un état qui peut prendre une infinité de valeurs : température d'une pièce ou d'un objet, vitesse d'un mobile, niveau dans un réservoir... L'étude de ces systèmes fait appel à des outils mathématiques aptes à la représentation de la dynamique continue : équations différentielles assorties de diverses transformations (Laplace, Fourier...), représentations d'état.

De manière générale, chacun de ces domaines a créé un ensemble de théories et de méthodes et a développé des solutions performantes pour régler les problèmes homogènes qui se posent à lui, mais sans toujours intégrer les solutions et les apports de l'autre domaine.

Avec le développement massif de l'automatisation et de l'informatique, cette répartition en deux catégories de systèmes homogènes devient davantage imparfaite, tant au niveau des problèmes traités (beaucoup d'ensembles industriels comportant des éléments des deux types) qu'à celui du matériel mis en oeuvre. En effet, la plupart des systèmes réels sont composés de sous-processus continus (moteurs, procédés chimiques, systèmes de freinage) qui sont démarrés, reconfigurés et arrêtés par une commande logique, à états discrets.

Afin de garantir le bon fonctionnement de ces systèmes, il est nécessaire de prendre en compte simultanément les aspects continus et événementiels de sa dynamique. Pour répondre entre autres à cette demande, les *systèmes dynamiques hybrides* (SDH), des systèmes faisant intervenir explicitement et simultanément des phénomènes ou des modèles avec des dynamiques continues et discrètes (ou événementielles), ont émergé [1, 2].

---

[1] Les méthodes d'analyse "classiques" prennent en compte un seul aspect à la fois, l'aspect continu ou l'aspect discret (ou événementiel).

1

L'étude de ces systèmes nécessite des outils de description et de modélisation "hybride" capables de prendre en compte la coexistence des aspects continu et discret.

Les deux dernières décennies ont vu croître l'intérêt porté à la recherche concernant les systèmes hybrides. Ceci s'explique par les défis théoriques rencontrés lors de leur études et aussi par leur impact sur des applications dans de multiples contextes industriels, comme les systèmes de transport [3, 4], la robotique [5], la commande des procédés industriels [6], etc. Toutefois, il n'existe pas pour l'instant de modèle (ou théorie) global pour l'étude de ces systèmes, mais plutôt des approches basées sur l'extension de méthodes classiques issues des systèmes continus ou discrets.

1.2   Motivation et Objectifs

Pendant la conception des systèmes, une des phases les plus importantes est la *vérification formelle de propriétés*. Dans cette phase l'objectif est de prouver que le système répond bien aux exigences, en particulier de sécurité, et aux spécifications de performances qui lui ont été imposées. Avec les progrès de la technologie, l'homme s'est mis à construire des systèmes de plus en plus complexes et de grande échelle. En conséquence, le risque des erreurs devient davantage présent. De plus, les erreurs de conception peuvent engendrer de graves conséquences économiques et humaines. Ceci révèle, en particulier, l'importance de la vérification des propriétés de sûreté rendue plus difficile par la complexité de ces systèmes alors qu'un fonctionnement sûr [2] et sans faille est essentiel.

Une des manières de réaliser la vérification de sûreté consiste globalement à déterminer l'évolution du système et à comparer cette évolution avec les configurations que l'on souhaite interdire. Autrement dit, il est possible par le biais de *l'analyse d'atteignabilité*[3] de conclure quant au respect ou non de cette propriété.

La mise en oeuvre de l'analyse d'atteignabilité sur des systèmes hybrides se heurte toutefois à plusieurs difficultés. Une première difficulté provient des interactions entre états continus et discrets. Par exemple, la présence des états discrets interdit l'utilisation de métrique permettant de quantifier la proximité des trajectoires et les états continus conduisent à des machines d'états infinis. Une deuxième difficulté est liée à la prise en compte des incertitudes que ce soit dans les modèles, les conditions initiales ou les perturbations.

L'analyse d'atteignabilité n'étant en général pas décidable[4] [7], il est nécessaire d'utiliser des approches permettant de calculer une sur-approximation de l'espace atteignable.

Cette thèse se concentre sur ce sujet et vise à construire des méthodes algorithmiques permettant l'analyse d'atteignabilité sur certaines classes [5] de systèmes hybrides, pour lesquels le problème d'atteignabilité n'est pas décidable, sans toutefois avoir des résultats trop pessimistes.

1.3   Organisation de la thèse

Cette thèse se compose de trois chapitres principaux. Le deuxième chapitre, intitulé "Vérification des Systèmes Dynamiques Hybrides", est dédié à la présentation du modèle des automates

---

[2] Aucun comportement indésirable du système ne se produira

[3] Cette analyse consiste à déterminer si une situation ou configuration peut être atteinte par le système

[4] Un problème est dit décidable s'il existe un algorithme qui réponde, en un nombre fini d'itérations, par oui ou par non à la question posée par le problème. S'il n'existe pas de tels algorithmes, le problème est dit indécidable.

[5] Affine, affine avec incertitude, non-linéaire

hybrides qui est utilisé par la suite, et à la présentation des différentes approches de vérification et d'analyse d'atteignabilité.

Dans le chapitre trois, intitulé "Atteignabilité des Systèmes Dynamiques Affines", nous rappelons dans un premier temps les principes d'une approche permettant l'analyse d'atteignabilité sur un système hybride dont la dynamique continue est affine et complètement connue. Nous étendons par la suite cette approche aux systèmes avec incertitudes. Nous étudions tout d'abord le cas des incertitudes bornées et fixes dans le temps puis le cas des incertitudes bornées et variantes dans le temps. Dans ce cas comme dans l'autre une méthode algorithmique est proposée pour mener l'analyse d'atteignabilité.

Le chapitre quatre, intitulé "Analyse d'Atteignabilité des Systèmes Hybrides Non-Linéaires", est une extension de l'approche précédente aux systèmes non-linéaires.

1.4 Publications et interventions

Les travaux présentés dans ce mémoire ont donné lieu, jusqu'à présent, aux publications et interventions suivantes :

– O. Nasri, M.-A. Lefebvre, H. Guéguen et J. Zaytoon   : Sur la vérification des systèmes hybrides. *JESA 2007 : Journal Européen des Systèmes Automatisés.*

– O. Nasri, M.-A. Lefebvre, H. Guéguen : Hybrization based reachability of uncertain planar affine systems. *CDC'06 : 45th IEEE Conference on Decision and Control*, San Diego, CA, USA - December. 13-15, 2006.

– O. Nasri, M.-A. Lefebvre, H. Guéguen : Reachability calculus of uncertain planar affine systems using linear abstractions. *ADHS06 : 2nd IFAC Conference on Analysis and Design of Hybrid Systems*, Alghero, Sardinia, Italy - June 7-9, 2006.

– O. Nasri, M.-A. Lefebvre, H. Guéguen : Hybrization based reachability of uncertain planar affine systems. *ETFA 2005 : 10th IEEE International Conference on Emerging Technologies and Factory Automation*, Catania, Italy - September 19-22, 2005, II-355, II-360.

– O. Nasri, M.-A. Lefebvre, H. Guéguen : "Reachability analysis of nonlinear systems by warranty piecewise affine approximation", Journée groupe de travail sur les Méthodes Ensemblistes, 19 juillet 2007, Paris (France).

– O. Nasri, M.-A. Lefebvre, H. Guéguen : "Calcul d'atteignabilité pour des systèmes non-linéaires par approximations affines garanties", Journée groupe de travail sur les Systèmes Dynamiques Hybrides du GDR-MACS/SEE, 26 avril 2007, Paris (France).

– O. Nasri, M.-A. Lefebvre, H. Guéguen : Analyse d'atteignabilité des systèmes hybrides incertains. *Doctoriales de Bretagne 2006*, 12 au 17 novembre 2006 à Landerneau, France.

– O. Nasri, M.-A. Lefebvre, H. Guéguen : "Atteignabilité basée sur l'hybridisation des systèmes affines plans incertains", Journée groupe de travail sur les Systèmes Dynamiques

Hybrides du GDR-MACS/SEE, 2 juin 2005, Paris (France).

Chapitre 2

Vérification des Systèmes Dynamiques Hybrides

L'étude des systèmes hybrides retient de plus en plus l'intérêt des communautés scientifiques de l'automatique et de l'informatique. Cet intérêt est motivé par plusieurs tendances clairement perceptibles dans l'industrie qui expriment un besoin de nouveaux outils permettant d'apporter un élément de réponse aux problèmes posés par les systèmes hybrides. Parmi les principaux axes de recherches concernés la vérification formelle de propriétés tient une place importante.

La vérification formelle de propriétés sur un système hybride doit permettre de garantir que le comportement global du système est valide. En particulier, il est important de montrer que, sous les hypothèses prises en compte dans la modélisation du système, le comportement de ce dernier est conforme aux spécifications de sécurité qui lui sont imposées, et par suite, qu'il ne présente pas de danger pour lui-même ou son environnement.

Fréquemment la mise en oeuvre de la vérification de propriété de sûreté est contraint par le problème théorique de non-décidabilité [8, 7]. Ce problème n'a toutefois pas empêché le développement de techniques et d'algorithmes capables de mener la vérification sur des systèmes de plus en plus compliqués dans différents domaines [9, 10, 11].

Ce chapitre consiste tout d'abord en une brève introduction aux systèmes dynamiques hybrides (cf. section 2.1). Après avoir présenté la notion de vérification de propriétés (cf. section 2.2) nous présenterons les modèles hybrides (cf. section 2.3). Nous exprimons dans cette section un intérêt particulier pour les automates hybrides (cf. 2.3.1), formalisme dédié à la modélisation des systèmes hybrides. Nous clôturons ce chapitre par une présentation plus au moins exhaustive sur les dernières avancées de la vérification de propriétés sur les systèmes hybrides (cf. section 2.4).

2.1 Introduction à la théorie des systèmes hybrides

Les systèmes dynamiques hybrides désignent des catégories de systèmes prenant explicitement en considération des phénomènes continus et discrets ainsi que les interactions pouvant en résulter au sein d'une structure commune.

2.1.1   Notion de système hybride

Le terme hybride réfère au couplage essentiel de phénomènes continus et discrets au sein d'un système. Le comportement d'un système hybride est par conséquent décrit en fonction d'un état à la fois continu et discret. Cet état "hybride" évolue :

◇ soit par progression du temps dans un état discret, ce qui entraîne un changement permanent de l'état continu conformément à la dynamique associée à cet état discret.

◇ soit par une transition instantanée qui change l'état discret et la valeur de l'état continu.

Principalement, le comportement d'un système hybride présente quatre phénomènes hybrides [2]. Soit $x(.)$ la trajectoire d'un état continu du système hybride avec une valeur initiale fixée et arbitraire $x(0)$ dans un espace d'état X et $x'(.)$ la dérivée de l'état continu pour le même système hybride. Le passage d'un état discret à l'autre peut se faire par commutation de la dérivée de l'état $x'(.)$ (ce qui est véritablement un phénomène de commutation) ou par changement de l'état continu (par exemple pour un phénomène de type saut). Chacun de ces phénomènes peut se produire de façon autonome ou de façon commandée.

2.1.2   Exemples de systèmes hybrides

Afin d'illustrer la notion de systèmes hybrides, nous présentons ci-dessous, de façon non exhaustive, des exemples de systèmes physiques qui peuvent être traités comme des systèmes hybrides.

Exemple 2.1 (Thermostat [12]) .
Nous considérons l'exemple d'un thermostat utilisé pour maintenir une température ambiante dans une chambre. Autrement dit, le thermostat doit maintenir la température de la chambre entre deux seuils θ_m et θ_M, sachant que $\theta_m < \theta_M$.

Le système est constitué principalement d'un radiateur et d'un thermomètre dans une pièce. Le radiateur est en marche (état 'on') tant que la température de la chambre est inférieure à θ_M. Dès que le thermomètre détecte que la température θ_M est atteinte, le thermostat commande l'arrêt du radiateur (état 'off'). D'une façon similaire, le radiateur reste dans l'état 'off' tant que la température de la chambre est supérieure à θ_m, et le thermostat commande la mise en marche du radiateur dès que le seuil θ_m est atteint.

Nous pouvons assimiler ce système à un système dynamique hybride dont l'aspect continu est défini par la température x de la chambre, qui évolue de manière continue, et l'aspect discret est donné par le mode opératoire du radiateur, qui commute entre les deux états 'on' et 'off'.

Exemple 2.2 (Balle bondissante [13]) .
Considérons une balle de masse m lâchée d'un point de cote (ou d'altitude) z_0 sans vitesse initiale. Donc, la balle n'est soumise qu'à l'action de pesanteur g. L'altitude $z(t)$ de la balle suit alors l'équation différentielle issue de la mécanique classique [1].

$$mz"(t) = -m\,g$$

Quand $z(t) = 0$, la balle touche le sol et rebondit en perdant une fraction de son énergie :

$$z'(t^+) = -cz'(t^-),\ avec\ c \in [0,1]$$

où c est le coefficient d'amortissement.

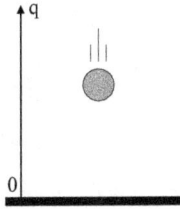

FIG. 2.1 – Balle bondissante

En posant $x_1(t) = z(t)$ et $x_2(t) = z'(t)$, la dynamique de la balle peut être exprimée sous la forme suivante :

$$x' = f(x_1, x_2) = (x_2, -g), \ \text{avec} \ x = (x_1, x_2)$$

Nous pouvons assimiler la balle bondissante à un système dynamique hybride tel que l'état continu est défini par la variable x et l'état discret est donné par le seul état discret dans lequel évolue la balle.

Exemple 2.3 (Jeu de billard [14]) .

On considère une table de billard de longueur L et de largeur l sur laquelle évolue une boule (voir figure 2.2). Initialement la boule est placée à la position (x, y). La boule est frappée et commence à avancer à une vitesse constante v. Lorsqu'elle rencontre une bande, elle rebondit, c'est-à-dire qu'une des composantes de la vitesse v_x ou v_y change de signe.

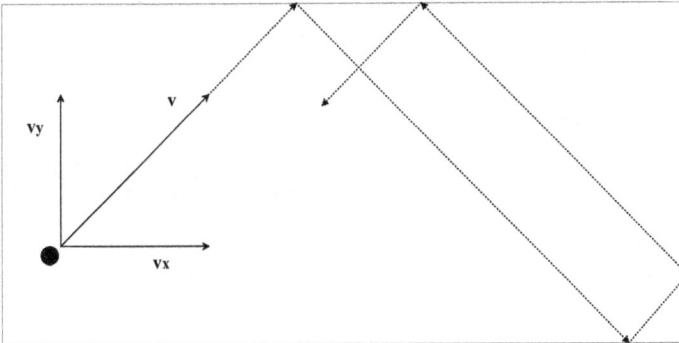

FIG. 2.2 – Jeu de billard

Nous pouvons assimiler la position de la boule ainsi que le changement de signe des composantes de sa vitesse à un système dynamique hybride. L'aspect continu est donné par la variation

---

[1] deuxième loi de Newton

continue de la position de la boule. Quant à l'aspect discret, il est donné par quatre modes, et, dans chacun d'eux, le signe des composantes de la vitesse est constant.

2.2   Notion de vérification formelle de propriétés

Les systèmes hybrides sont souvent utilisés dans des systèmes critiques (centrale nucléaire ou systèmes de transport par exemple). Les erreurs de conception de tels systèmes ne sont donc pas acceptables. C'est pourquoi les validations sont nécessaires en vue de détecter les erreurs tout au long du développement. Ces validations sont le plus souvent obtenues par des simulations qui permettent de tester les modèles élaborés. Bien que les techniques de simulation contribuent à l'amélioration de la qualité du système vis-à-vis des exigences de sécurité et des spécifications de performance qui lui ont été imposées, elles ne permettent malheureusement pas de certifier l'absence d'erreur. Il est donc interessant d'utiliser des méthodes formelles de vérification pour assurer la rigueur et l'exaustivité de la validation. Autrement dit, il faut garantir algorithmiquement que le système étudié vérifie bien une propriété donnée.

Parmi les propriétés les plus importantes qui peuvent être vérifiées, figurent celles de :
- *atteignabilité* (énonçant qu'une configuration ou une situation peut être atteinte par le système),
- *sûreté*[2] (spécifiant ce que le système ne doit pas faire, ou un état prohibé),
- *vivacité* (spécifiant l'inévitable futur d'une situation),
- *temps de réponse* (fixant des bornes temporelles entre les événements).

Il apparaît que, pour les systèmes hybrides, les propriétés prépondérantes sont celles de sûreté [15].

La vérification formelle de propriétés sur un système hybride nécessite un modèle dynamique "hybride" permettant de décrire conjointement le comportement dynamique continu ainsi que les transitions entre les états discrets. De plus, le formalisme de modélisation devra pouvoir représenter tous les phénomènes [3] hybrides.

2.3   Modèles Hybrides

Les modèles classiques de représentation de ces systèmes sont les automates hybrides, les Statecharts hybrides, les réseaux de Petri prédicats-transitions différentiels, les réseaux de Petri hybrides et les bond graphs. Une synthèse très complète de leurs rôles pour la modélisation, l'étude de la commande et la vérification des systèmes hybrides est présentée dans [15].

Parmi ces modèles de représentation, nous allons nous intéresser principalement aux modèles des automates hybrides.

2.3.1   Automates hybrides

Le formalisme des automates hybrides est une approche mixte combinant des modèles des parties continues et discrètes dans une même structure, l'aspect hybride étant pris en compte dans l'interface entre les deux parties.

---

[2] la propriété de sûreté peut s'énoncer de manière équivalente par la négation d'un propriété d'atteignabilité.

[3] Les commutations autonomes ou contrôlées de dynamiques continues, ainsi que les sauts autonomes ou contrôlés de variables [2].

Tout en étant de définition simple, les automates hybrides offrent dans l'étude de leur dynamique une très grande richesse mathématique et fournissent un formalisme efficace qui répond aux exigences ci-dessus.

2.3.1.1 Syntaxe

Dans la littérature, il existe plusieurs formalismes (plus au moins équivalents) d'automates hybrides. Nous adoptons dans ce manuscrit le formalisme suivant inspiré de [8] :

Définition 2.1 (Automate Hybride) *Un automate hybride est donné par le n-uplet*

$$H = (Q,\ X,\ \Sigma,\ U,\ A,\ Inv,\ F,\ q_0,\ x_0)$$

où :

1. Q *est un ensemble dénombrable de situations ou états discrets ; la situation initiale est notée q_0 ;*

2. $X \subseteq \mathbb{R}^n$ *représente l'espace d'état continu (de dimension n) ; l'état continu est noté x, et l'état initial, x_0 ;*

3. Σ *est un ensemble fini de symboles (ou d'actions) utilisés pour composer les automates que nous ne considérerons pas dans ce manuscrit ;*

4. $U \subseteq \mathbb{R}^p$ *est un espace de contrôle (ou d'entrée ou incertitude) ;*

5. $Inv : Q \to 2^X$ *est une fonction qui associe à chaque situation, un prédicat (ou "invariant") qui doit être vérifié par l'état x lorsque la situation est active ;*

6. $F : Q \to (2^X \times 2^U \to \mathbb{R}^n)$ *est une fonction qui associe à chaque situation, une activité définissant un comportement continu. Tant que l'automate hybride est dans la situation active q, l'évolution des variables continues est gouvernée par l'équation différentielles $x' = f_q(x, u)$ où f_q représente $F(q)$;*

7. A *est un ensemble de transitions entre les états discrets. Dans ce modèle, une transition est définie par un quintuplet $(q,\ Guard,\ \sigma,\ Jump,\ q')$ avec q et q' les états source et cible, Guard une condition de commutation de l'état discret à l'autre, σ l'événement associé à l'arc et Jump une fonction qui permet de faire évoluer les variables continues pendant la transition.*

Remarque 2.1 *Lorsque le système hybride est sans entrée ou incertitudes continue ($U = \emptyset$), on parle d'un système hybride autonome.*

Pour alléger les notations nous désignerons par :
  – $Guard_{qq'}$ la condition de garde de la transition de q à q' ;
  – $Jump_{qq'}$ la fonction de saut lors du franchissement de la transition de q à q'.

Moins formellement, un automate *hybride* peut être vu comme un automate à états finis auquel on ajoute des variables continues dont l'évolution est donnée par un système d'équations différentielles $x' = f_q(x, u)$ pour chaque état q. La transition entre les états q et q' peut être déclenchée, sous réserve de la vérification par l'état continu de la condition de garde $Guard_{qq'}$. Le franchissement instantané de cette transition provoque une transformation de l'état continu conformément à la fonction de saut $Jump_{qq'}$.

Remarque 2.2 *Généralement, pour chaque situation $q \in Q$, le champ de vecteurs f_q est considéré Lipschitz ou continu pour $x \in Inv(q)$: supposer la fonction f_q continue permet de garantir l'existence de trajectoires, et supposer la fonction f_q Lipschitzienne permet en outre de garantir l'unicité des trajectoires pour toute condition initiale dans $Inv(q)$ [16].*

2.3.1.2 Exemples

Nous reprenons dans cette partie les exemples de systèmes hybrides présentés précédemment (cf. section 2.1.2).

Exemple 2.4 (Thermostat idéal [12]) .
Il est question dans cet exemple, en utilisant un thermostat, de maintenir la température d'une chambre entre deux seuils θ_m et θ_M, sachant que $\theta_m < \theta_M$.

L'évolution de la température peut être décrite par l'équation différentielle suivante :

$$T' = \begin{cases} f_1(T) & \text{si le radiateur est en marche} \\ f_2(T) & \text{sinon} \end{cases}$$

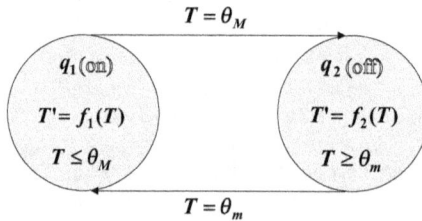

FIG. 2.3 – Automate hybride d'un thermostat idéal

Initialement le thermostat est considéré à l'arrêt (mode '*off*') et la température de la chambre est $T_0 < \theta_M$. Une représentation graphique du fonctionnement du thermostat peut être donnée sous la forme d'un automate hybride autonome dont les états discrets sont représentés par les deux modes opératoires '*on*' et '*off*' (voir figure 2.3). La variable continue x modélise la température, et sa dynamique dans chaque mode est définie par une équation différentielle. Nous avons défini le domaine invariant par les contraintes $T \leq \theta_M$ pour l'état q_1 et $T \geq \theta_m$ pour l'état q_2. Les conditions sur la température pour que le thermostat bascule d'un mode vers un autre définissent les gardes, *Guard*. D'autre part, la temperature ne présente pas de discontinuité au point de commutation. Ainsi, les fonctions *Jump* sont considérées comme des fonctions identité.

Une définition formelle de ce thermostat par un automate hybride autonome est la suivante :

1. $Q = \{q_1, q_2\} = \{on, \ off\}$ états discrets.
2. $X = \{T\}$ la température.
3. $Inv(q_1) = \{T \,|\, T \leq \theta_M\}$ et $Inv(q_2) = \{T \,|\, T \geq \theta_m\}$.
4. $F : (q_1, T) \rightarrow \{T' = f_1(T)\}$ et $F : (q_2, T) \rightarrow \{T' = f_2(T)\}$

5. $A = \{a_1,\, a_2\}$ avec,
   $\diamond$ $a_1 = (q_1,\, T = \theta_M,\, Id,\, q_2)$.
   $\diamond$ $a_2 = (q_2,\, T = \theta_m,\, Id,\, q_1)$.

Exemple 2.5 (Thermostat avec incertitudes) .
Le modèle décrit dans l'exemple 2.4 suppose des conditions idéales, à savoir que le thermomètre peut détecter exactement le moment où la température atteint les seuils. Néanmoins, dans la pratique, une détection exacte des seuils est impossible. Ceci est du essentiellement à la sensibilité des capteurs. D'autre part, des entrées non spécifiées (influence de l'environnement, influence de l'opérateur, imperfection du système) peuvent être prises en compte sous forme d'incertitude. La dynamique continue sera alors de la forme $T' = f(T, u)$ où u représente cette incertitude.

L'effet de ces imprécisions est qu'on ne garantit pas exactement la commutation aux valeurs nominales θ_m et θ_M mais seulement dans leur voisinage. Pour construire le modèle qui prend en compte ces incertitudes de commutation, on doit modifier les conditions de commutation de la façon suivante : le thermostat commute le chauffage vers le mode 'off' si la température satisfait $\theta_M - \epsilon \leq T \leq \theta_M + \epsilon$, et il commute vers le mode 'on' si la température satisfait $\theta_m - \epsilon \leq T \leq \theta_m + \epsilon$, pour un $\epsilon > 0$. Ceci signifie que dès que la température entre dans l'intervalle $[\theta_M - \epsilon,\, \theta_M + \epsilon]$ le thermostat peut procéder à la commutation du chauffage vers le mode 'off' ou le laisser dans le mode 'on' à condition que $T \leq \theta_M + \epsilon$.

Une définition formelle du thermostat avec incertitudes par un automate hybride est la suivante (voir figure 2.4) :

1. $Q = \{q_1,\, q_2\} = \{on,\, off\}$ états discrets.

2. $X = \{T\}$ la température.

3. $Inv(q_1) = \{T \,|\, T \leq \theta_M + \epsilon\}$ et $Inv(q_2) = \{T \,|\, T \geq \theta_m - \epsilon\}$.

4. $F : (q_1, T) \rightarrow \{T' = f_1(T, u)\}$ et $F : (q_2, T) \rightarrow \{T' = f_2(T, u)\}$

5. $A = \{a_1,\, a_2\}$ avec,
   $\diamond$ $a_1 = (q_1,\, T \geq \theta_M - \epsilon,\, Id,\, q_2)$.
   $\diamond$ $a_2 = (q_2,\, T \leq \theta_m + \epsilon,\, Id,\, q_1)$.

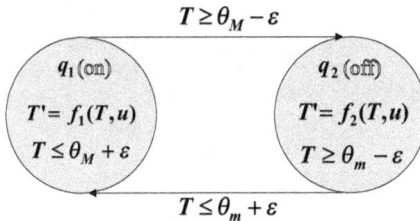

FIG. 2.4 – Automate hybride d'un thermostat avec incertitudes

Exemple 2.6 (Balle bondissante [13]) .
En posant $x_1(t) = z(t)$ et $x_2(t) = z'(t)$, l'automate hybride de la balle bondissante (voir figure 2.2) est donné par (voir figure 2.5) :

1. $Q = \{q\}$.
2. $X = \mathbb{R}^+ \times \mathbb{R}$.
3. $f(x_1, x_2) = (x_2, -g)$.
4. $Guard_{qq} = \{x_1 = 0\}$.
5. $Jump_{qq}(x_1, x_2) = \{(x_1, -c\,x_2)\}$.

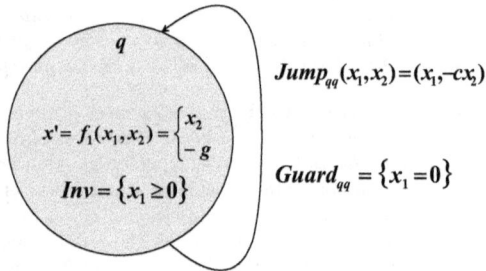

FIG. 2.5 – Automate hybride de la balle bondissante

Exemple 2.7 (Jeu de billard [14]) .
Un automate hybride modélisant le jeu de billard (cf. exemple 2.3) est représenté sur la figure 2.6.

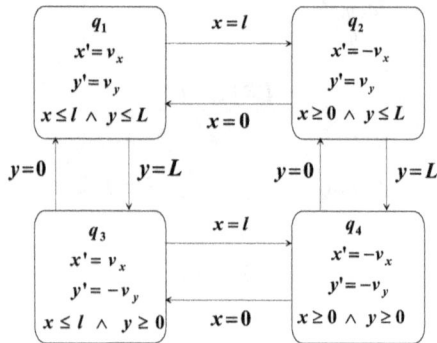

FIG. 2.6 – Automate hybride du jeu de billard

2.3.1.3 Sémantique

La sémantique des automates hybrides est définie en considérant qu'à chaque instant, l'état d'un automate hybride est donné par la paire (q, x) correspondant à l'association d'une situation et d'une valeur du vecteur d'état, et que cet état peut évoluer :

- soit par une transition instantanée qui change la situation et la valeur de l'état continu (fonction saut),
- soit par la progression du temps dans la situation courante, ce qui entraîne un changement permanent de l'état continu conformément à l'activité, F, de la situation.

Le comportement d'un système hybride est défini par l'ensemble des trajectoires (ou exécutions) possibles de l'automate hybride qui le modélise. Ces exécutions sont caractérisées par l'évolution des paires (q, x) dans le temps.

Définition 2.2 (Trajectoire d'un automate hybride [15]) .
Formellement, une trajectoire d'un automate hybride est un ensemble ordonné fini ou infini de séquence :

$$\tau = \{(q_0, t_0, \xi_0), (q_1, t_1, \xi_1), \cdots, (q_i, t_i, \xi_i), \cdots \}$$

tels que :
- ▷ *pour tous les indices i, $\forall t \in [t_i, t_{i+1}[$*
  - *l'état continu est donné par $x(t) = \xi_i(t)$*
  - *la dynamique continue est définie par l'activité de la situation : $\xi_i'(t) = f_{q_i}(x(t))$*
  - *l'état respecte l'invariant de la situation : $\xi_i(t) \in Inv(q_i)$*
- ▷ *pour tous les indices i, il existe une transition $(q, guard, \sigma, Jump, q')$ dans A telle que*
  - *$q = q_i$, $q' = q_{i+1}$*
  - *l'état continu avant la transition respecte la garde de la transition : $\xi_i(t_{i+1}) \in Guard$*
  - *l'état initial dans la nouvelle situation est l'image de l'état avant le franchissement par la fonction de saut : $x_{i+1}(t_{i+1}) = Jump(\xi_i(t_{i+1}))$.*

Dans une trajectoire, chaque triplet (q_i, t_i, ξ_i) correspond donc à un intervalle de temps $[t_i, t_{i+1}]$ pendant lequel la situation ne change pas et où seul l'état continu évolue selon la dynamique associée à la situation active q_i, définissant une transition continue. Chaque instant t_i correspond alors à un instant de commutation discrète où la situation change en fonction d'une transition discrète de l'automate. Une trajectoire apparaît ainsi comme une séquence de transitions discrètes et continues.

Étant donnée une trajectoire τ d'un automate hybride, la valeur à l'instant $\tau(t)$ est définie par $\tau(t) = (q_i, x(t))$ où l'indice i est défini par $t \in [t_i, t_{i+1}[$.

La figure 2.7 représente un exemple de trajectoire d'un automate hybride à trois états.

2.3.2 Variantes

Des restrictions ont été introduites dans le modèle général (cf. section 2.3.1), pour définir des classes de modèles de systèmes hybrides sur lesquelles il est possible d'analyser ou de concevoir des problèmes particuliers.

2.3.2.1 Systèmes hybrides polyèdraux

Les systèmes hybrides polyèdraux sont les systèmes hybrides dont la collection de domaines $D = \{D_q \, / \, q \in Q\}$ forme un maillage en polyèdres de l'espace d'état et dont la collection de

(1)

(2)

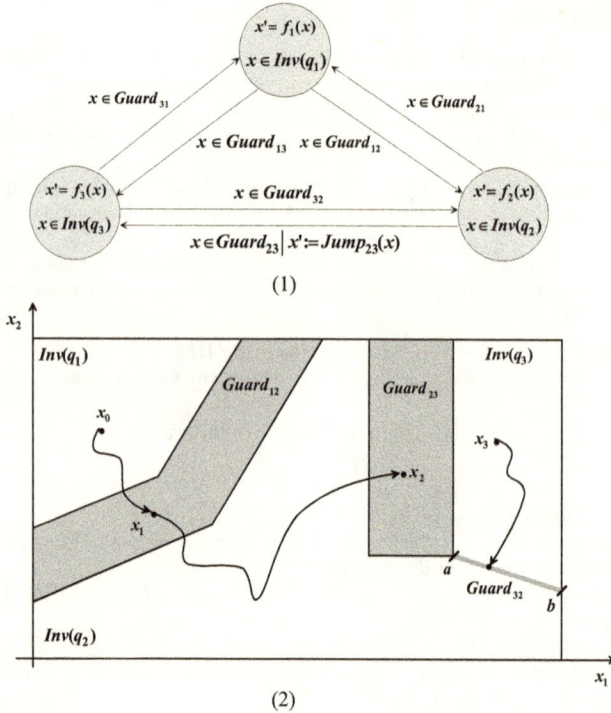

FIG. 2.7 – [12] (1) Un automate hybride H à trois états ($X = \mathbb{R}^2$) ; (2) les conditions de gardes $Guard_{12}$ et $Guard_{23}$ représentées par les régions colorées en gris et $Guard_{32}$ par le segment d'extrémités a et b), un exemple de trajectoire de H à partir de l'état (q_1, x_0).

fonctions $Jump$ vérifie [17] :

$$\forall \text{ la transition de } q \text{ à } q', \quad Jump_{qq'} = Id$$

Ainsi, l'ensemble Q des états discrets du système correspond à l'ensemble dénombrable des indices du maillage D. Une transition entre deux états q et q' est possible si et seulement si les cellules associées D_q et $D_{q'}$ ont une frontière en commun. Cette frontière définit la condition de garde de la transition de q à q'. En plus, à chaque transition la variable continue x n'est pas ré-initialisée ce qui assure la continuité de la trajectoire du système.

Système hybride affine par morceaux

La sous-classe la plus connue et la plus utilisée des systèmes hybrides polyèdraux est celle des systèmes hybrides affines par morceaux. Cette classe présente en effet un intérêt particulier, elle est suffisamment simple pour pouvoir espérer en avoir des outils algorithmiques efficaces pour l'analyse [18, 19] ou le contrôle [20], et suffisamment expressive pour pouvoir modéliser de façon réaliste de nombreux systèmes [21, 22].

Définition 2.3 (Système hybride affine par morceaux) .
Un système hybride affine par morceaux est un système hybride polyèdral dont la dynamique est affine dans chaque état discret.

Autrement dit, pour chaque état $q \in Q$, la dynamique est définie par une équation affine qui peut être :
  - autonome, dans ce cas, la dynamique de la variable continue est donnée par

$$x'(t) = A_q x(t) + b_q$$

où A_q une matrice $n \times n$ à coefficient constants et b_q est un vecteur constant de $\mathbb{R}^n$;
  - avec entrée (ou avec incertitude), dans ce cas,

$$x'(t) = A_q x(t) + b_q + u(t), \ u(t) \in U_q$$

où A_q une matrice $n \times n$ à coefficient constants, b_q un vecteur constant de $\mathbb{R}^n$ et U_q un polyèdre de $\mathbb{R}^n$.

2.3.2.2 Autres modèles de systèmes hybrides

Dans le cadre de la vérification, certaines approches ont introduit d'autres restrictions sur les différentes variables du modèle hybride de la définition 2.1 pour définir des classes pour lesquelles il est possible d'analyser l'atteignabilité [4]. A titre d'exemple, on peut citer les automates multi-taux et temporisés [8], les systèmes à dérivées constantes par morceaux [23], les graphes d'integration [24], les automates linéaires et les automates rectangulaires [25]. Dans ces modèles les conditions de garde et les invariants des situations sont définies par des polyèdres, et les restrictions portent essentiellement sur le comportement continu associé à chaque situation.

2.4 Sur la vérification des systèmes hybrides

Cette partie reprend l'essentiel de l'article [26].

La présentation de la problématique de la vérification formelle des systèmes hybrides dans [27, 28] souligne l'importance des propriétés de sûreté pour les systèmes hybrides et la traduction de leur vérification en un calcul d'atteignabilité dans l'espace d'état hybride. Les idées de base pour résoudre ce problème n'ont pas fondamentalement évolué depuis ces articles, cependant des avancées ont été apportées et de nouveaux algorithmes ont été définis. Ainsi, cette section est dédiée à la présentation de la problématique de la vérification des propriétés de sûreté et de l'atteignabilité des systèmes hybrides et propose une mise en perspective de ces avancées récentes. Pour répondre à la difficulté de la vérification et de l'atteignabilité hybride, il est nécessaire de faire des choix concernant le type de représentation des régions dans l'espace d'état continu, l'approche générale de vérification et les algorithmes. Ces choix ne sont pas indépendants et doivent

---

[4]Comme on le verra plus loin, l'analyse d'atteignabilité consiste à déterminer si des états non désirables peuvent être ou non atteints par un système. Cette problématique de l'atteignabilité d'états est évidemment centrale pour garantir la sécurité des systèmes critiques.

être cohérents. Cependant toutes ces approches reposent sur des considérations communes et plutôt que de montrer la cohérence interne de chacune des approches, que le lecteur trouvera dans les références bibliographiques, nous avons souhaité replacer ces approches vis-à-vis de ces considérations.

2.4.1 Vérification et atteignabilité

Les approches de vérification sont principalement issues des recherches sur les systèmes à événements discrets pour lesquels des solutions éprouvées ont été proposées [29]. Leur extension aux systèmes hybrides demande de prendre en compte des ensembles d'états infinis et des évolutions continues dans le temps. Pour ce faire, deux familles d'approches peuvent être utilisées. La première consiste à abstraire le comportement continu et hybride par un modèle événementiel afin de se ramener à un système événementiel pur, sur lequel on peut appliquer les techniques et outils déjà éprouvés [9]. Comme on le verra dans la section 2.4.1.2, la difficulté est alors de construire le système discret équivalent ou au moins un système discret pour lequel la vérification de la propriété garantit son respect pour le système original. Lors de cette construction il est nécessaire de définir les transitions du système discret et cette opération est basée sur la détermination de l'atteignabilité d'une région à partir d'une autre par les dynamiques continues. Une deuxième famille d'approches consiste à modifier et étendre les approches événementielles pour prendre en compte les dynamiques continues du système. Dans ce cas, comme on le verra dans la section 2.4.1.3, la vérification est également basée sur la détermination de l'atteignabilité de certaines régions de l'espace d'état hybride.

Cette importance de la détermination de l'atteignabilité et des conditions d'atteignabilité est une problématique que l'on retrouve dans des approches voisines de la vérification telles que la synthèse de contrôleurs pour assurer la sûreté d'un système, que ce soit pour des systèmes où la commande est purement discrète et correspond à des décisions de changement de modes [30] ou pour des systèmes avec des commandes continues. Les résultats obtenus dans le cadre de cette synthèse de contrôleur peuvent avoir des retombées sur la vérification puisque l'existence d'un contrôleur qui oblige le système à respecter une propriété peut être interprétée comme une preuve de cette propriété. Cependant dans le cas où le système a des entrées continues, cette synthèse fait appel à des techniques encore plus complexes, en particulier de résolution d'équation Hamilton-Jacobi [31].

2.4.1.1 Notions d'atteignabilité

Nous utiliserons pour illustrer les différentes approches le formalisme d'un automate hybride sans entrée continue et sans événement de synchronisation, $H = (Q, X, Inv, F, A, q_0, x_0)$.

Comme mentionné précédemment, il y a deux types d'évolution depuis un état hybride (q, x), une évolution continue par la dynamique f_q et une évolution discrète. En conséquence, il est possible de définir des ensembles successeurs et prédécesseurs d'un point de l'espace d'état hybride (q_i, x_i) qui seront utiles dans la suite.

L'ensemble des successeurs continus d'un point est donc l'ensemble des points accessibles par une transition continue :

$$\text{Succ}_\text{C}((q_i, x_i)) = \{(q_i, x) \mid \exists \, \tau \in \Theta((q_i, x_i)), \, \exists \, t \in [t_0, t_1], \, x = \Phi_0(t)\} \qquad (2.1)$$

Symétriquement, on peut définir l'ensemble de prédécesseurs continus d'un point comme l'ensemble des points à partir desquels on peut atteindre ce point par une transition continue :

$$\mathrm{Pred}_{\mathrm{C}}((q_i, x_i)) = \{(q_i, x) \mid (q_i, x_i) \in \mathrm{Succ}_{\mathrm{C}}((q_i, x))\}$$

De même, les ensembles de successeurs et prédécesseurs discrets de (q_i, x_i) sont les états hybrides accessibles par une transition discrète ou à partir desquels on peut atteindre (q_i, x_i) par une transition discrète :

$$
\begin{aligned}
\mathrm{Succ}_{\mathrm{D}}((q_i, x_i)) \;=\; & \{(q_k, x) \mid \exists\, (q_i, Guard, Jump, q_k) \in A \\
& \wedge\ (x_i \in Guard)\ \wedge\ (x = Jump(x_i))\}
\end{aligned}
$$

$$
\begin{aligned}
\mathrm{Pred}_{\mathrm{D}}((q_i, x_i)) \;=\; & \{(q_k, x) \mid \exists\, (q_k, Guard, Jump, q_i) \in A \\
& \wedge\ (x \in Guard)\ \wedge\ (x_i = Jump(x))\}
\end{aligned}
$$

Enfin, il est intéressant de considérer l'ensemble des successeurs hybrides qui sont accessibles à partir d'un point par une trajectoire hybride et son corollaire l'ensemble des prédécesseurs hybrides :

$$
\begin{aligned}
\mathrm{Succ}_{\mathrm{H}}((q_i, P_i)) \;=\; & \{(q_k, x) \mid \exists\, x_i \in P_i,\ \tau\ trajectoire, \exists t \\
& (\tau(0) = (q_i, x_i)) \wedge (\tau(t) = (q_k, x))\}
\end{aligned}
$$

$$
\begin{aligned}
\mathrm{Pred}_{\mathrm{H}}((q_i, P_i)) \;=\; & \{(q_k, x) \mid \exists\, x_i \in P_i,\ (q_i, x_i) \in \mathrm{Succ}_{\mathrm{H}}((q_k, x))\}
\end{aligned}
$$

Ces notions s'étendent directement aux régions de l'espace d'état hybride en considérant l'image d'une région comme la réunion des images des points qui la composent.

Exemple de successeurs continus

La figure 2.8 illustre les successeurs continus de l'ensemble (q_i, P_i) dans l'espace d'état continu. L'évolution continue de l'automate hybride dans la situation q_i est contrainte par le domaine invariant, qui est défini dans cet exemple par le demi espace représenté à gauche de la ligne verticale. Le point x_3 est alors non atteignable à partir du domaine P_i par la dynamique continue f_{q_i}. Cependant, la trajectoire depuis x_1 vers x_2 est acceptée par l'automate. Par ailleurs, tous les successeurs-continus de (q_i, P_i) restent dans le demi-espace défini par l'invariant.

Exemple de successeurs discrets

Considérons de plus une situation q_k dont l'invariant $Inv(q_k)$ est le demi-espace horizontal sous la ligne et telle qu'il existe une transition de q_i à q_k dont la garde est définie par le rectangle et la fonction de saut est l'identité (voir figure 2.9). Le successeur discret de (q_i, P_i) est le couple (q_k, P_k) où P_k est l'intersection des trois ensembles P_i, $Guard_{q_i q_k}$ et $Inv(q_k)$ (représentée en gris sur la figure).

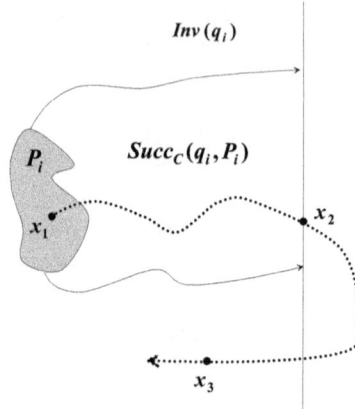

FIG. 2.8 – Successeurs continus de P_i par la dynamique continue f_{q_i}

2.4.1.2 Vérification par abstraction événementielle

Le principe général de ces approches est de construire un modèle événementiel qui soit équivalent au modèle hybride afin que la preuve de la propriété sur le système discret garantisse son respect sur le système hybride original. La notion d'équivalence de modèle est ici considérée comme la possibilité de définir une transformation de l'espace d'état hybride original vers l'espace discret de telle sorte que la transformation associe à toute trajectoire de l'un des modèles, une trajectoire de l'autre modèle, c'est-à-dire que l'un des modèles soit une bisimulation de l'autre [32].

La première phase de cette approche consiste alors à déterminer quelles sont les zones de l'espace d'état hybride qu'il est intéressant de prendre en compte dans la transformation pour définir le modèle discret. En règle générale il n'est en effet pas nécessaire de prendre en compte tout l'espace d'état mais seulement certaines régions pertinentes telles que celles définies par les conditions de garde, les invariants des situations, d'autres régions définies en fonction de la propriété ou dans certains cas les frontières de ces différentes régions. Chacune des zones ainsi définies est dans un premier temps associée à un état discret.

La seconde phase de la construction consiste à définir les transitions discrètes et à affiner la caractérisation des zones associées aux états discrets. Cette phase est réalisée de manière itérative à partir de l'ensemble initial de zones. Le passage d'une itération à la suivante se fait en prenant en compte les transitions d'une zone à l'autre [33].

Chacune de ces itérations est ainsi caractérisé par un ensemble de zones de l'espace hybride $\{(q_i, P_i)\}$, où q_i est une situation et P_i une région de l'espace continu, tel qu'à chaque élément soit associé dans le modèle discret l'état l_i. Dans le modèle discret correspondant, il existe une transition de l_i à l_j s'il existe une trajectoire de l'automate hybride qui permet d'aller d'un point de la zone (q_i, P_i) à un point de la zone (q_j, P_j). Le passage à la nouvelle itération consiste alors, pour tous les couples (l_i, l_j) tels qu'il existe une transition de l_i à l_j, à calculer l'intersection de

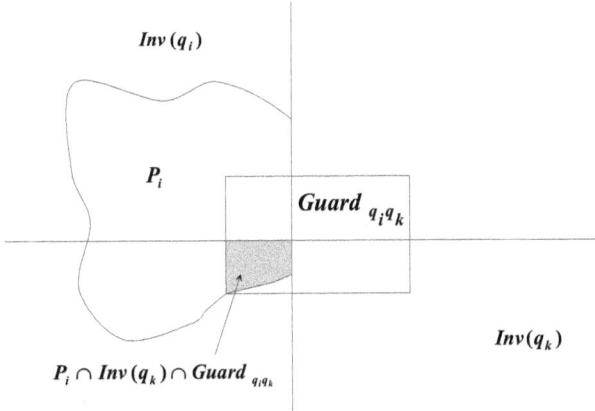

FIG. 2.9 – Successeurs discrets de P_i par la transition (q_i, q_k)

la restriction à la situation q_i de l'ensemble des prédécesseurs hybrides de (q_j, P_j) [5] avec P_i. Deux cas peuvent alors se présenter :

– $\mathrm{Pred_H}(q_j, P_j)_{|q_i} \cap P_i \neq P_i$: dans ce cas, il existe des points de (q_i, P_i) à partir desquels il est possible d'atteindre (q_j, P_j) et d'autres pour lesquels c'est impossible. On sépare alors ces ensembles de points en supprimant (q_i, P_i) de l'ensemble des régions et en introduisant deux nouvelles régions $(q_i, P_i \cap \mathrm{Pred_H}(q_j, P_j)_{|q_i})$ et $(q_i, P_i - \mathrm{Pred_H}(q_j, P_j)_{|q_i})$ [6]. De tous les points de la première région il est possible d'atteindre (q_j, P_j) et donc il existe une transition entre les états discrets associés, par contre il n'existe pas de transition discrète entre l'état associé à la deuxième région et celui associé à (q_j, P_j).

– $\mathrm{Pred_H}(q_j, P_j)_{|q_i} \cap P_i = P_i$: dans ce cas, de tous les points de (l_i, P_i) il est possible d'atteindre (q_j, P_j) et il n'y a donc pas de nécessité de modification.

Dans l'exemple présenté en figure 2.10, les situations l_i, $l_{i+1,1}$, $l_{i+1,2}$ du modèle discret abstrait sont associées à des régions polyèdrales P_i, $P_{i+1,1}$, $P_{i+1,2}$ appartenant à la frontière commune d'invariants de situations de l'automate initial. L'évolution de la dynamique continue à partir de la région P_i, permet d'atteindre les régions notées $P_{i+1,1}$, $P_{i+1,2}$ à la frontière des invariants des situations q_i et q_{i+1}. Une transition entre ces deux situations de l'automate initial correspond alors à une transition possible de l_i vers $l_{i+1,1}$ ou vers $l_{i+1,2}$ dans le système abstrait. Le système discret ainsi obtenu est dit "approché" du fait de la sur-approximation induite lors du calcul des espaces atteints sur les frontières d'invariantes.

La construction du modèle discret se termine lorsque l'ensemble des régions n'évolue plus d'une étape à l'autre. On a alors un modèle discret pour lequel la condition de bisimulation avec le modèle hybride est respectée et que l'on peut utiliser pour faire la vérification.

---

[5] Cette restriction $B_{|q_i}$ d'un ensemble B de zones de l'espace hybride à la situation q_i est définie comme l'union des régions associées à la situation q_i : $B_{|q_i} = \bigcup\limits_{(q_i, P_k) \in B} P_k$

[6] Il est parfois intéressant d'introduire plus que deux régions pour, par exemple, conserver leur aspect convexe.

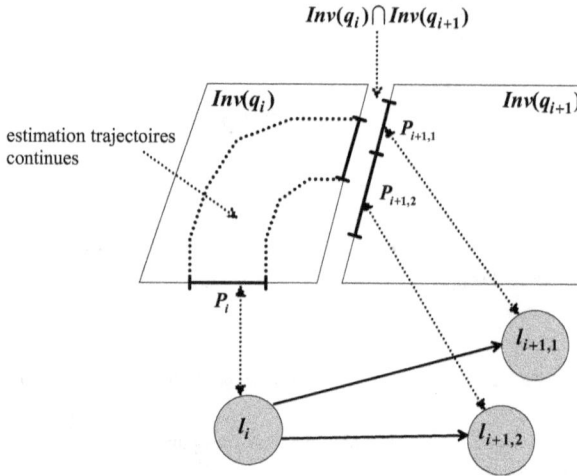

FIG. 2.10 – Exemple de construction de l'abstraction discrète

Pour effectuer le raffinement il n'est pas nécessaire ni même pertinent d'utiliser les prédécesseurs hybrides $\text{Pred}_H(q_j, P_j)$ qui sont compliqués à calculer et introduisent de nombreuses transitions non nécessaires. Il est plus intéressant d'utiliser une version plus locale et plus simple à calculer pourvu qu'elle soit cohérente avec le choix des régions retenues. Ainsi, si on utilise les gardes des transitions hybrides pour définir les régions à la première itération, on peut utiliser le calcul des prédécesseurs avec une transition discrète et une transition continue c'est-à-dire $\widehat{\text{Pred}_H}(q_j, P_j) = \text{Pred}_D(\text{Pred}_C(q_j, P_j))$ pour passer d'une itération à la suivante. Par contre, si on considère les frontières des gardes pour définir ces premières régions, cette approximation n'est plus suffisante et il est nécessaire de considérer $\widehat{\text{Pred}_H}(q_j, P_j) = \text{Pred}_C(\text{Pred}_D(\text{Pred}_C(q_j, P_j)))$ pour obtenir les intersections avec les frontières des régions.

Outre la difficulté de déterminer l'ensemble des prédécesseurs hybrides d'une région, le point dur de ce type d'approches est le caractère itératif de la décomposition puisque rien ne garantit la convergence vers un ensemble de régions. En général on ne conduit pas la démarche de décomposition jusqu'à son terme. Le modèle discret est alors une abstraction du modèle hybride, c'est-à-dire un modèle tel qu'à chaque trajectoire du modèle hybride correspond une trajectoire du modèle événementiel alors que ce dernier peut posséder des trajectoires qui ne correspondent à aucune trajectoire du modèle hybride. Toutes les propriétés ne peuvent pas être vérifiées en utilisant un tel modèle mais il est possible de vérifier les propriétés de sûreté. En effet, si l'on montre qu'il n'existe pas de trajectoire du système discret qui viole la propriété, alors on peut affirmer qu'il n'en existe pas non plus pour le système hybride. Par contre, si on trouve que le système discret ne respecte pas la propriété, il n'est pas possible de conclure si ce non respect est dû au système hybride ou à l'existence de trajectoires supplémentaires du système discret.

Pour lever cette ambiguïté il est nécessaire en principe de raffiner l'abstraction. Ce raffinement n'est cependant pas réalisé sur tout l'espace d'état hybride. Diverses heuristiques peuvent être utilisées pour guider ce raffinement. Il est ainsi possible de commencer par les régions les plus proches des régions interdites [34] mais il est également possible d'utiliser le résultat de la vérification. En effet, les outils de vérification concluent au non respect d'une propriété lorsqu'ils trouvent une trajectoire qui ne la respecte pas. Le raffinement peut alors être fait prioritairement autour de cette trajectoire contre-exemple [35]. On peut noter qu'il est parfois possible de réfuter la trajectoire proposée en montrant qu'elle ne correspond pas à une trajectoire hybride avant de l'utiliser pour le raffinement [36]. Les considérations utilisées pour réfuter la trajectoire, telles que par exemple la tranversalité des flots et des frontières de gardes, sont plus simples que les calculs de prédécesseurs et permettent donc de réduire la complexité de la vérification.

Cette approche de construction d'un système événementiel abstrait à partir d'un système hybride ou même d'un système continu peut se retrouver sous diverses formes dans la littérature [37] [38] [34] [39] [40] [41] en fonction des hypothèses faites sur les caractéristiques du système (conditions de garde, invariants, dynamiques continues, ...). A la base de la mise oeuvre de ces différentes formes, le problème fondamental est de pouvoir caractériser l'ensemble des prédécesseurs continus d'une région [7], afin de conclure quant à l'atteignabilité d'une région de l'espace d'état hybride à partir d'une autre et donc de l'existence d'une transition dans le modèle discret. Nous avons privilégié ici une présentation basée sur le calcul des prédécesseurs, mais il est tout à fait possible d'avoir une approche basée sur le calcul des zones atteignables par un calcul direct privilégiant le calcul des fonctions Succ.

2.4.1.3   Vérification par atteignabilité hybride

La deuxième famille d'approches permet de vérifier des propriétés d'atteignabilité sur le système hybride. Cette restriction aux propriétés s'exprimant sous forme d'atteignabilité peut sembler limitative mais, étant donnée la richesse de l'espace d'état hybride qui comprend implicitement le temps, une grande classe de propriétés peuvent se mettre sous cette forme [27]. Les questions que l'on cherche à résoudre consistent à déterminer s'il est possible d'atteindre une certaine région de l'espace d'état hybride $R_{cible} = \bigcup_{k_c}(q_{k_c}, P_{k_c})$ de l'espace d'état à partir d'une région initiale $R_{init} = \bigcup_{i_0}(q_{i_0}, P_{i_0})$. La résolution est réalisée en considérant les régions $Succ_H(R_{init})$ et R_{cible}, ou de manière duale, R_{init} et $Pred_H(R_{cible})$. Traditionnellement, on dispose deux méthodes pour aboutir à la réalisation de cet résolution, à savoir une méthode de calcul d'atteignabilité avant (*forward reachability method*) et une méthode de calcul d'atteignabilité arrière (*backward reachability method*) [42, 43, 28]. Afin de calculer l'espace atteignable, ces méthodes imposent de procéder de manière itérative l'estimation ou la "propagation" de l'état continu par pas de temps ou d'espace, et de prendre en compte au fur est à mesure les contraintes imposées par les invariants, les gardes et les fonctions de saut.

La méthode d'atteignabilité avant, par exemple, consiste à calculer itérativement les successeurs hybrides de la région initiale R_{init} jusqu'à que l'ensemble de tous les états atteignable soit invariant, et ensuite comparer cet ensemble avec la région R_{cible}. Une traduction algorithmique

---

[7]La caractérisation des prédécesseurs discrets est en général plus simple.

de cette méthode est donnée par l'algorithme 2.4.1 où R_k est l'espace atteint en k itérations, et $\mathrm{Succ_H}$ est l'opérateur successeurs hybrides introduit précédemment.

Algorithme 2.4.1 (Atteignabilité avant [42])

Initialisation

$R_0 := R_{init},$
$\mathrm{R_{cible}}$ est atteint $:= faux,$

Boucle principale

> **répéter** $k = 0, 1, 2, \ldots$
>
>> **si** $R_k \cap \mathrm{R_{cible}} \neq \emptyset$ **alors**
>>
>>> **retourner** $\mathrm{R_{cible}}$ est atteint $:= vrai;$
>>
>> **sinon**
>>
>>> $R_{k+1} := R_k \cup \mathrm{Succ_H}(R_k);$
>>
>> **fin**
>
> **jusqu'à** $R_{k+1} = R_k$
>
> **retourner** $\mathrm{R_{cible}}$ est atteint $:= faux.$

Symétriquement, la méthode d'atteignabilité arrière consiste à calculer l'ensemble des prédécesseurs hybrides de la région $\mathrm{R_{cible}}$ jusqu'à l'invariance de l'ensemble de tous les états atteignables, et ensuite vérifier l'intersection de ce dernier avec la région initial $\mathrm{R_{init}}$. L'algorithme de cette méthode est donné ci-dessous ($\mathrm{Pred_H}$ est l'opérateur prédécesseurs hybrides).

Algorithme 2.4.2 (Atteignabilité arrière [42])

Initialisation

$R_0 := R_{cible}$,
R_{init} est atteint $:= faux$,

Boucle principale

répéter $k = 0, 1, 2, \ldots$

si $R_k \cap R_{init} \neq \emptyset$ **alors**

retourner R_{init} est atteint $:= vrai$;

sinon

$R_{k+1} := R_k \cup \text{Pred}_H(R_k)$;

fin

jusqu'à $R_{k+1} = R_k$

retourner R_{init} est atteint $:= faux$.

Dans les deux algorithmes présentés ci-dessus, la convergence n'est bien sûr pas garantie et en particulier lorsque les invariants de certaines situations ne sont pas bornés. Dans tous les cas, même lorsque l'on est sûr de la convergence, la mise en oeuvre de ces algorithmes peut s'avérer délicate, et ce, pour deux raisons. La première est liée aux implémentations d'opérations, telles que l'union, l'intersection, et le test d'ensemble vide sur les régions, dont la complexité est fortement liée au choix de la représentation de ces régions [8], et la deuxième résulte de l'évolution biphasée des systèmes hybrides et en particulier la phase continue. En effet, selon la définition de la dynamique du système il est possible qu'il n'existe pas d'algorithme pour calculer les états successeurs ou prédécesseurs.

Cette approche est utilisée pour des propriétés de sûreté pour lesquelles il faut prouver par exemple que l'ensemble des successeurs hybrides à partir de la région R_{init} a une intersection vide avec la région R_{cible} ou est complètement inclus dans cette région.

Ce type d'approches est en particulier utilisé dans des outils tels que Kronos [44], Uppaal [45], HyTech [46], PhaVer [47] ou d/dt [12].

2.4.1.4 Conclusion

La détermination des successeurs hybrides d'une région, ou de manière duale de ses prédécesseurs hybrides, est au centre des méthodes de vérification des systèmes hybrides que ce soit par une approche événementielle ou par une approche directement hybride. Dans l'approche événementielle on utilise, des considérations locales d'atteignabilité hybride pour construire le

---

[8]Si les régions manipulées sont convexes, leurs union n'est pas forcement un convexe

modèle événementiel et l'analyse du modèle événementiel pour résoudre les questions d'atteignabilité globales. Dans l'approche hybride au contraire, on cherche à caractériser directement
l'atteignabilité globale. Dans un cas comme dans l'autre, cette détermination d'ensembles de
successeurs hybrides repose sur la détermination de successeurs discrets et continus. Les successeurs discrets peuvent classiquement poser des problèmes d'explosion combinatoire, cependant
dans l'état actuel des travaux ce sont encore les successeurs continus qui sont les plus limitants.

La caractérisation des successeurs continus se pose sous deux formes complémentaires. La
première consiste à savoir s'il est possible d'atteindre une région à partir d'une autre, par exemple
pour construire une abstraction événementielle, et ne nécessite pas forcément de connaître explicitement la région atteignable. La deuxième vise à calculer cette région atteignable, ou une
sur-approximation, afin d'intégrer le résultat dans une détermination globale du successeur hybride ou dans une phase de raffinement de l'abstraction événementielle.

2.4.2   Caractérisation de l'espace atteignable

Les approches présentées dans cette section visent à déterminer s'il est possible d'atteindre une
région à partir d'une autre en caractérisant l'espace atteignable continu mais sans réellement le
calculer, elles sont donc principalement utilisées dans les démarches de vérification par abstraction événementielle et raffinement. Trois familles peuvent être mises en évidence. La première
consiste à rechercher des frontières infranchissables entre les régions. La deuxième, quant à elle,
consiste à déterminer des caractérisations partielles, et donc plus faciles à obtenir, de l'intersection de l'espace atteignable avec la région cible considérée et à montrer que l'ensemble de ces
caractéristiques est incohérent et définit donc un ensemble vide. La troisième famille cherche au
contraire à prouver l'existence d'une trajectoire permettant d'atteindre la région cible à partir
de la région initiale.

2.4.2.1   Détermination de frontière infranchissables

La détermination de frontières infranchissables qui séparent la région initiale de la région cible
est évidemment un moyen efficace pour montrer que cette dernière n'est pas atteignable par
la dynamique continue. Une première approche consiste à caractériser des domaines invariants,
c'est-à-dire qu'aucune trajectoire continue ne peut quitter, dans lesquels est incluse la région
initiale. S'il existe un tel domaine possédant une intersection vide avec la région finale, alors celle-
ci n'est évidemment pas atteignable. La deuxième approche consiste à rechercher explicitement
une frontière infranchissable entre les régions initiale et cible.

Caractérisation d'espaces invariants

Contrairement à une approche qui viserait à prouver qu'une région $R = (q, P)$ est invariante par
la dynamique continue en montrant que $\text{Succ}_C(R) \subset R$, l'idée de base est d'utiliser des propriétés
structurelles de la dynamique pour définir certaines frontières d'un tel domaine invariant. De
telles méthodes sont donc spécifiques de classes de systèmes caractérisés par leur dynamique
continue. Ainsi pour des systèmes dont la dynamique continue est linéaire de la forme $\dot{x} =
Ax$ il est possible, sous certaines conditions, de trouver des régions invariantes dont certaines
frontières sont spécifiées par des contraintes linéaires [48], et pour des systèmes affines décrits
par $\dot{x} = Ax + b$, il est possible, sous d'autres conditions, de trouver des invariants dont les
frontières sont des polynômes [49].

Par exemple, pour un système défini par $\dot{x} = A\mathbf{x}$, à partir de l'expression linéaire $p = \mathbf{c}^T\mathbf{x}$ où $\mathbf{c}$ est un vecteur propre réel de A^T, il se déduit que

$$\dot{p} = c^T\dot{x} = c^TAx = (A^Tc)^Tx = (\lambda c)^Tx = \lambda p$$

où λ est la valeur propre réelle associée. et donc que $p = e^{\lambda t}\mathbf{c}^T\mathbf{x}_0$. Le signe de l'expression linéaire p est donc constant et sa valeur absolue ($|p|$) croît ou décroît selon le signe de λ. Si $\lambda > 0$ par exemple, cette valeur croît et l'inégalité $\mathbf{c}^T\mathbf{x} > \alpha$ avec $\alpha \geq 0$ définit donc un domaine invariant. De plus l'espace atteignable à partir du domaine P_{init} est caractérisé par l'inégalité $|\mathbf{c}^T\mathbf{x}| \geq \min_{x \in P_{init}} (|\mathbf{c}^T\mathbf{x}|)$. A partir des considérations sur le signe de $\mathbf{c}^T\mathbf{x}$ sur P_{init}, il est possible de conclure que si ce signe est toujours positif, par exemple, cet espace atteignable à partir de P_{init} respecte la contrainte $\mathbf{c}^T\mathbf{x} \geq \min_{x \in P_{init}} (\mathbf{c}^T\mathbf{x})$. De façon identique il est possible de montrer que si $\lambda < 0$, alors l'espace atteignable est caractérisé par la contrainte $|\mathbf{c}^T\mathbf{x}| \leq \max_{x \in P_{init}} (|\mathbf{c}^T\mathbf{x}|)$ qui peut être affinée en fonction du signe de $\mathbf{c}^T\mathbf{x}$ sur P_{init}. Ces deux exemples sont illustrés en figure 2.11

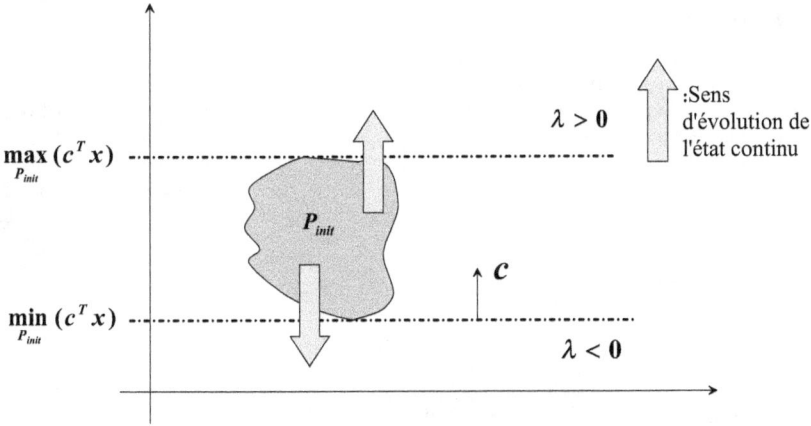

FIG. 2.11 – Détermination qualitative d'invariants

De même, dans le cas de valeurs propres complexes conjuguées ($\lambda = \alpha \pm j\beta$) à partie réelle négative, il est possible de déterminer des bornes sur la forme linéaire $p = \mathbf{c}^T\mathbf{x}$, où $\mathbf{c}$ est une combinaison linéaire réelle des vecteurs propres $|p| \leq (d_1^2 + d_1^2)^{\frac{1}{2}}$ où d_1 et d_2 sont des valeurs déterminées à partir de la valeur maximale de l'expression linéaire sur le domaine initial.

Pour des systèmes affines d'équation $\dot{\mathbf{x}} = A\mathbf{x} + \mathbf{b}$ tels que les valeurs propres aient des composantes rationnelles il est possible de déterminer des régions invariantes, qui contiennent l'espace atteignable, sous forme algébrique (i.e. décrites par des équations polynomiales) lorsque la région initiale est elle-même algébrique [49].

En effet, la solution temporelle de l'équation d'état s'exprime alors facilement en fonction de combinaisons d'exponentielles réelles et de fonctions sinus et cosinus qui dépendent des valeurs propres. Par exemple pour une valeur propre complexe $\lambda = \alpha \pm j\beta$ on voit apparaître des termes du type $t^k e^{\alpha t} \cos \beta t$ et $t^k e^{\alpha t} \sin \beta t$. Comme les valeurs propres sont rationnelles il est possible de trouver deux rationnels r_1 et r_2 tels que chaque valeur propre s'écrit $\lambda = a_\lambda r_1 + j b_\lambda r_2$, où a_λ et b_λ sont des entiers, et donc d'exprimer les termes qui interviennent dans la solution temporelle comme des polynômes dont les variables sont t, $e^{r_1 t}$, $e^{-r_1 t}$, $\cos(r_2 t)$ et $\sin(r_2 t)$. Par exemple un terme en $\cos(b_\lambda r_2 t)$ s'exprime par une somme de termes $\cos^i(r_2 t)\sin^j(r_2 t)$ en développant le cosinus. Il est alors possible d'éliminer le quantificateur d'existence sur le temps qui relie la solution temporelle de l'équation d'état et l'espace atteignable pour obtenir une caractérisation de cet espace atteignable. Dans l'approche proposée, cette élimination se fait à partir d'un calcul sur les ensembles algébriques utilisant les notions d'idéaux de polynômes et de bases de Grobner.

Cette approche peut-être étendue au cas où les valeurs propres ne sont pas à composantes rationnelles en augmentant le nombre de variables qui interviennent dans les polynômes exprimant la solution temporelle de l'équation différentielle ce qui rend l'élimination du quantificateur plus complexe.

Il est alors facile de vérifier si la région cible satisfait les contraintes qui viennent d'être déterminées comme caractérisant l'espace atteignable.

Certificats de sûreté

Une deuxième catégorie d'approches [50, 51] cherche à mettre en évidence explicitement l'existence d'une frontière non franchissable entre la région initiale et la région cible. Cette recherche est formalisée par la recherche d'une fonction dans l'espace d'état ('barrier certificate') qui possède un signe différent sur les ensembles d'états initiaux et dangereux, avec une condition de (dé)croissance sur le lieu d'annulation ou sur l'espace d'état. Ainsi la détermination d'une fonction $B(\mathbf{x})$ qui vérifie les conditions de l'équation [2.2], où $f(\mathbf{x})$ représente la dynamique du système, permettra de conclure quant à la non atteignabilité de la région cible P_{cible} à partir de la région initiale P_{init} comme illustré sur la figure 2.12. En effet la dernière condition de cette équation garantit qu'il n'est pas possible de traverser la frontière définie par $B(\mathbf{x}) = 0$ à partir de la région où $B(\mathbf{x}) < 0$:

$$\forall \mathbf{x} \in P_{cible} \qquad B(\mathbf{x}) > 0$$
$$\forall \mathbf{x} \in P_{init} \qquad B(\mathbf{x}) < 0$$
$$\forall \mathbf{x} \in X \qquad B(\mathbf{x}) = 0 \Rightarrow \frac{\partial B(\mathbf{x})}{\partial x} f(\mathbf{x}) \leqslant 0 \qquad (2.2)$$

L'extension au cas hybride de la non atteignabilité de la région R_{cible} à partir de la région R_{init} conduit à rechercher une fonction de certificat $B_q(\mathbf{x})$ pour chaque situation discrète q. Les conditions précédentes sont enrichies pour prendre en compte les ensembles initiaux, invariants et dangereux de chaque situation ainsi que la mise à jour de l'état en cas de saut, et deviennent :

$$\forall \mathbf{x} \in R_{cible|q} \qquad B_q(\mathbf{x}) > 0$$
$$\forall \mathbf{x} \in R_{init|q} \qquad B_q(\mathbf{x}) < 0$$
$$\forall \mathbf{x} \in Inv(q) \qquad B_q(\mathbf{x}) = 0 \Rightarrow \frac{\partial B_q(\mathbf{x})}{\partial \mathbf{x}} F(q, \mathbf{x}) \leqslant 0$$
$$\forall (q, guard, \sigma, Jump, q') \in A$$
$$(\mathbf{x} \in guard) \wedge (B_q(\mathbf{x}) < 0) \Rightarrow B_{q'}(Jump(\mathbf{x})) < 0 \qquad (2.3)$$

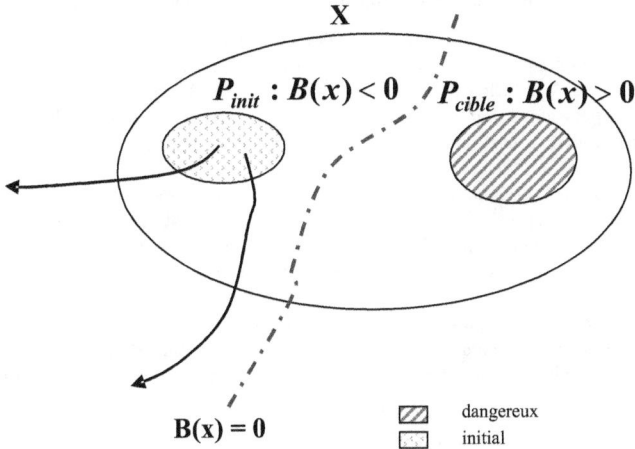

FIG. 2.12 – Certificats de sûreté

La difficulté est naturellement de trouver de telles fonctions $B_q(\mathbf{x})$. Sous l'hypothèse d'une formulation polynomiale de la dynamique et d'une description semi-algébrique, c'est à dire faisant intervenir des inégalités polynomiales, des ensembles initiaux, finaux, etc., il est possible de chercher des fonctions candidates sous la forme polynomiale suivante :

$$B_q(\mathbf{x}) = b_{q,0}(\mathbf{x}) + \sum_{i=1}^{m} c_{q,i} b_{q,i}(\mathbf{x})$$

où les $b_{q,i}(\mathbf{x})$ sont des monômes en $\mathbf{x}$.

L'ensemble des conditions [2.3] peut alors s'écrire sous forme d'expressions non négatives, et le problème s'exprime sous forme de sommes de carrés (SOS) dont la résolution est directe par programmation semi-définie dans le cas convexe. Malheureusement les conditions [2.3] ne définissent pas un ensemble de solutions convexe. Par contre, si on retire la contrainte $B_q(\mathbf{x}) = 0$, cet ensemble devient convexe. En partant de la solution obtenue dans ce cadre, et en itérant la résolution pour le problème initial, il est possible de trouver des solutions moins conservatives.

2.4.2.2 Incohérence de contraintes

La difficulté de caractérisation de l'espace atteignable continu à partir de la région R_{init} ($\mathrm{Succ}_C(R_{init})$) peut être abordée en cherchant à travailler dans des sous-espaces particuliers puis en mettant en évidence des incohérences entres les contraintes obtenues dans chacun des sous-espaces. Les contraintes que l'on cherche à obtenir peuvent porter sur des aspects temporels ou spatiaux. Ces approches qui sont basées sur l'explicitation de la solution de l'équation d'état sont, dans les faits, restreintes aux systèmes linéaires.

Contraintes temporelles sur l'atteignabilité dans les espaces propres

Si on considère un système linéaire défini par l'équation dynamique $\dot{x} = Ax$, il est pertinent de s'intéresser à ses valeurs propres et à ses sous-espaces propres. En particulier, lorsque la matrice A est diagonalisable, la solution de l'équation différentielle est la somme des solutions dans ces sous-espaces qui présentent l'intérêt d'être de dimension restreinte. L'objectif de cette approche [52] est donc de profiter de cette simplicité pour déterminer des contraintes temporelles et étudier leur cohérence.

Si on s'intéresse à l'atteignabilité du domaine P_{cible} à partir de la région P_{init}, et que l'on considère une valeur propre réelle λ de A dont l'espace propre est de dimension 1 (cas illustré en dimension 2 sur la figure 2.13) , il est aisé de déterminer, par exemple par programmation linéaire, les bornes supérieures et inférieures des composantes de la projection de ces régions sur l'espace propre associé à λ, (z_0^l, z_0^u) et (z_F^l, z_F^u). D'autre part la projection de la solution de l'équation dynamique sur ce sous-espace est trivialement $z(t) = z_0 e^{-\lambda t}$. Il est donc possible de déterminer des valeurs minimale et maximale du temps permettant de passer de la projection de la région P_{init} à celle de P_{cible}. Par exemple, le temps maximal d'atteinte est donné par :

$$t_{max,\lambda} = \max(\frac{1}{\lambda}\log(\frac{z_F^l}{z_0^u}), \frac{1}{\lambda}\log(\frac{z_F^u}{z_0^l}))$$

Dans cette expression, un temps maximum négatif correspond, en fait, à une inatteignabilité et suffit donc à prouver la sûreté puisque l'inatteignabilité de la projection sur un espace propre garantit l'inatteignabilité dans l'espace global.

Si on répète cette opération de détermination de bornes temporelles sur une autre direction propre, il est possible de comparer les deux intervalles temporels. S'ils ont une intersection vide, on peut déduire que la région P_{cible} n'est pas atteignable à partir de P_{init}.

Des considérations équivalentes peuvent être utilisées dans le cas de valeurs propres complexes $\lambda = \alpha \pm i\beta$ dont l'espace propre est de dimension 2. En exprimant la projection de l'état en coordonnées polaires (ρ, θ), il est possible de déterminer les solutions des équations d'état $\rho(t) = e^{\alpha t}\rho_0$ et $\theta(t) = \beta t + \theta_0$. Le problème d'optimisation qui permet la détermination des bornes temporelles n'est en général ni convexe ni linéaire. Une solution consiste alors à réaliser la résolution en plusieurs étapes en étudiant d'abord les contraintes en fonctions de ρ, et en affinant, si besoin, en fonction de θ.

Contraintes spatiales sur l'atteignabilité dans les espaces propres

La résolution de l'équation différentielle dans les espaces propres de la matrice A peut également être utilisée pour définir un ensemble de contraintes sur les coordonnées des points atteignables et des points de la région cible interdite [53]. La preuve qu'il n'existe pas de points vérifiant l'ensembles des contraintes peut alors être faite en utilisant des procédures d'optimisation qui introduisent des contraintes sur la forme des ensembles initiaux et cibles.

Lorsque la dynamique est définie par l'équation $\dot{x} = Ax$, où la matrice A est diagonalisable avec des valeurs propres rationnelles, on peut, d'une part travailler dans la base définie par les vecteurs propres et, d'autre part faire apparaître un rationnel r tel que pour toutes les valeurs propres on ait $\lambda_i = k_i r$ où k_i est un entier. L'espace atteignable selon la composante i est donc l'ensemble des points pour lesquels il existe t et $z_{i,0}$ tels que $z_i = e^{\lambda_i t}z_{i,0}$ que l'on peut réécrire $z_i = (e^{rt})^{k_i}z_{i,0}$.

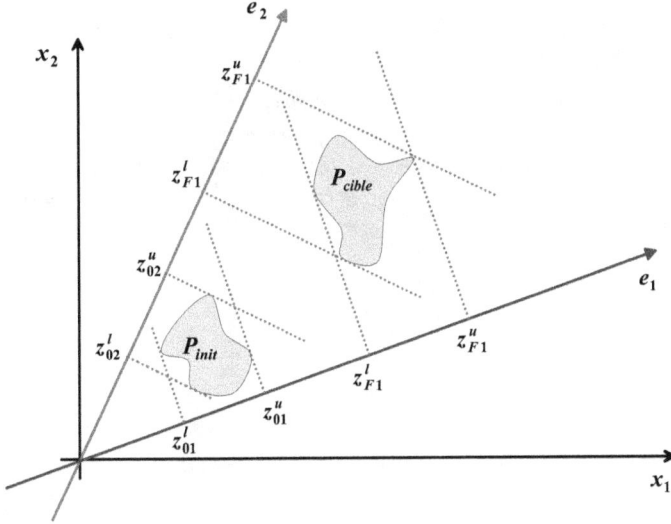

FIG. 2.13 – Détermination des bornes par projection

En considérant des couples des directions propres, il est possible, en éliminant $e^{r.t}$, de déduire que les points atteignables satisfont des contraintes du type

$$z_i^{k_j}.z_{j,0}^{k_i} - z_j^{k_i}.z_{i,0}^{k_j} = 0$$

D'autre part, le polynôme $P_t(\mathbf{z}) = \sum_i \lambda_i.z_i^2$ dont on peut vérifier qu'il est croissant avec le temps, permet d'écrire la contrainte $P_t(\mathbf{z}) - P_t(\mathbf{z_0}) \geq 0$ qui impose que le point $\mathbf{z}$ soit bien atteint à un temps positif.

Si la région initiale et la cible sont définies par des contraintes polynomiales, l'ensemble de ces contraintes définit un ensemble semi-algébrique dont on peut tester qu'il est vide en utilisant une décomposition en somme de carrés.

Des considération équivalentes sur l'atteignabilité dans les espaces propres permettent d'obtenir des polynômes de contraintes dans le cas d'une matrice A nilpotente, ou possédant des valeurs propres imaginaires pures.

2.4.2.3 Existences de trajectoires

Les approches que nous venons de voir visent à prouver qu'il n'est pas possible d'atteindre un domaine cible (P_{cible}) à partir d'un domaine initial (P_{init}) en restant dans la région Inv. Elles présentent cependant un caractère conservatif qui conduit à ne pas pouvoir conclure quand elles ne donnent pas de résultat. Il est donc intéressant de pouvoir tester l'existence d'une trajectoire entre ces deux régions. La notion de certificats d'atteignabilité [54], qui est duale de la notion de certificat de sûreté vise ainsi à montrer l'existence d'une telle trajectoire.

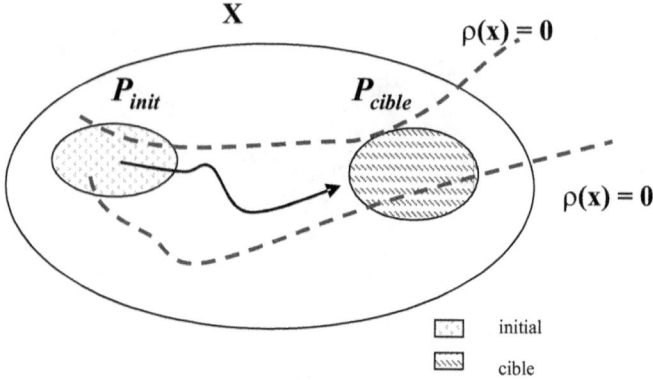

FIG. 2.14 – Certificat d'atteignabilité

L'existence d'une fonction ρ de classe C^1 qui vérifie les conditions [2.4] garantit ainsi l'existence d'une trajectoire de P_{init} à P_{cible} lorsque la dynamique du système est définie par $\dot{\mathbf{x}} = f(\mathbf{x})$. Intuitivement ces conditions expriment le fait qu'une partie des trajectoires débutant dans P_{init} (où ρ est globalement positif) sortent obligatoirement de l'invariant Inv privé du domaine P_{cible} (noté $Inv \setminus P_{cible}$) dans un intervalle de temps fini (en suivant des trajectoires où ρ reste positif) et qu'elles ne peuvent le faire qu'en franchissant la frontière de P_{cible} (puisque sur les autres frontières de Inv, ρ est négatif), les trajectoires étant en quelque sorte contraintes par le niveau 0 de la fonction ρ, comme illustré sur la figure 2.14.

$$\int_{P_{init}} \rho(\mathbf{x})dx > 0$$
$$\rho(\mathbf{x}) < 0 \quad \forall \mathbf{x} \in cl(\partial Inv \setminus \partial P_{cible})$$
$$div(\rho f)(\mathbf{x}) > 0 \quad \forall \mathbf{x} \in cl(Inv \setminus P_{cible}) \tag{2.4}$$

où ∂X et $cl(X)$ représentent la frontière et la fermeture de X et $div(\rho f)$ la divergence du produit.

Dans le cas où la dynamique est polynômiale et où les régions considérées sont également définies par des contraintes polynômiales, il est possible de rechercher la fonction ρ sous une forme polynômiale. Cette recherche peut alors se faire à l'aide de la méthode des sommes de carrés (SOS).

2.4.3   Calcul de l'espace atteignable

Dans la section précédente nous nous sommes intéressés à des approches qui cherchent à déterminer s'il est possible d'atteindre une région donnée à partir d'une autre. Ceci apporte un certain nombre d'informations mais ne résout pas toujours le problème de vérification et il est alors nécessaire de calculer explicitement l'espace atteignable. Dans cette section nous allons donc voir comment ce calcul peut être réalisé ou pour le moins comment il est possible de calculer une sur-approximation de l'espace atteignable qui est suffisante pour garantir le respect d'une propriété de sûreté [27]. Après avoir rappelé les principes généraux du calcul d'atteignabilité nous insisterons sur certains points difficiles et les propositions pour les réduire.

2.4.3.1 Présentation générale

Le calcul de l'espace atteignable par la dynamique continue pour l'inclure dans une démarche d'abstraction événementielle ou un calcul d'atteignabilité hybride (cf. section 2.4.1.3) consiste à calculer l'ensemble défini par l'équation [2.5] où $\text{Succ}_C((qi, \mathbf{x}_0))$ est défini à l'équation 2.1.

$$\text{Succ}_C((q_i, P_{init})) \;=\; \{(q_i, \mathbf{x}) \mid \exists \mathbf{x}_0 \in P_{init}\ (q_i, \mathbf{x}) \in \text{Succ}_C((q_i, \mathbf{x}_0))\} \tag{2.5}$$

Afin de pouvoir caractériser cet ensemble il est nécessaire d'éliminer le temps et la dépendance vis-à-vis d'un point particulier $\mathbf{x}_0$ (voir [27] pour plus de détails). Pour réaliser cette élimination il est possible d'utiliser des outils d'élimination de quantificateur [7] cependant cette utilisation reste limitée à quelques cas très particuliers. Une autre approche consisterait à intégrer l'équation différentielle avec des techniques classiques, cependant, l'incertitude due au fait que l'on considère un ensemble de conditions initiales, et non une valeur unique, ainsi que la possibilité que la dynamique ne soit pas complètement définie génèrent une infinité de trajectoires à simuler. D'autre part pour prouver la sûreté il est nécessaire que le résultat des calculs soit garanti ce qui n'est pas toujours le cas. Enfin il est parfois possible d'éliminer simplement le temps comme on peut le voir sur l'exemple en dimension 2 défini par l'équation 2.6 et illustré sur la figure 2.15 mais cette approche est restreinte au cas où les dynamiques continues sont définies par des inclusions différentielles linéaires. Si on s'intéresse aux propriétés de sûreté, il n'est pas nécessaire de calculer la valeur exacte de l'ensemble $\text{Succ}_C(q_i, P_{init})$, aussi, les approches que nous verrons ci-dessous s'intéressent-elles principalement à en déterminer des sur-approximations.

$$
\begin{aligned}
F_i &= \{\dot{\mathbf{x}} \mid (2,\ -1).\dot{\mathbf{x}} \geq 0 \ \wedge \ (1,\ -3).\dot{\mathbf{x}} \leq 0\} \\
P_{init} &= \{\mathbf{x} \mid 0 \leq (1,\ 0)\mathbf{x} \leq 1 \ \wedge \ (0,\ 1).\mathbf{x} = 0\} \\
\text{Succ}_C(q_i, P_{init}) &= \{\mathbf{x} \mid (0,\ 1).\mathbf{x} \geq 0 \ \wedge \ (2,\ -1).\mathbf{x} \geq 0 \\
&\qquad \wedge \ (1,\ -3).\mathbf{x} - 1 \leq 0\}
\end{aligned}
\tag{2.6}
$$

Une première approche pour effectuer le calcul d'atteignabilité est de se ramener à une suite d'éliminations simples du temps, opérations qui sont possibles pour les systèmes à inclusions différentielles linéaires [55, 47, 56]. Pour ce faire, l'invariant de la situation est partitionné et à chaque élément de la partition est associée une inclusion différentielle qui est respectée par l'ensemble des points. La sur-approximation de l'espace atteignable est alors obtenue par une itération spatiale correspondant à la partition (voir [27] pour plus de détails sur cette approche). Bien sûr la précision obtenue dépend du choix des zones définissant la partition et un choix judicieux [56] permet d'améliorer le compromis entre complexité et précision. D'autre part, l'élimination du temps à partir de l'inclusion différentielle conduit à des frontières linéaires ce qui privilégie le choix de polyèdres pour définir les différentes zones de l'invariant.

Cependant la plupart des approches de calcul d'espaces atteignables sont basées sur le fait que, en général, si l'invariant est borné il n'est pas nécessaire de s'intéresser à l'ensemble des

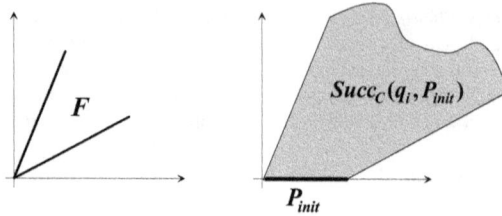

FIG. 2.15 – Elimination simple du temps

successeurs tel qu'il est défini dan l'équation 2.5 mais que l'atteignabilité en temps fini est suffisante. Il est alors possible d'utiliser un calcul échantillonné dans le temps pour obtenir les informations utiles.

L'idée de base de cette approche consiste, à partir du choix d'un pas de temps δ, à déterminer la suite de sur-approximations P_k de l'espace atteignable entre les instants $k\delta$ et $(k + 1)\delta$, [32, 57, 58, 59]. Les premières étapes de la démarche sont illustrées sur la figure 2.16 dans le cas où l'on a choisi une représentation polyèdrale des régions. La première étape (voir figure 2.16.a) consiste à calculer X_1 image la région initiale X_0 après le pas de temps δ. La deuxième étape consiste alors (voir figure 2.16.b) à rechercher un polyèdre P_0 qui contient l'ensemble de la trajectoire entre ces deux instants. Ces étapes sont alors itérées pour le calcul aux pas de temps suivants (voir figure 2.16.c). Afin de limiter les approximations il est pertinent de repartir à chaque itération de X_i et non de P_{i-1}. Cependant, l'étape 2 qui permet de calculer l'approximation est complexe et coûteuse en temps de calcul, il est alors intéressant, lorsque cela permet d'économiser la réalisation de cette étape à tous les pas de temps, de repartir de P_{i-1}. C'est par exemple le cas lorsque la dynamique est linéaire ($\dot{\mathbf{x}} = A\mathbf{x}$) puisque, dans ce cas, la transformation entre deux pas de calcul est connue, constante et définie par la matrice $e^{A\delta}$. A partir de la détermination de P_0 il est ainsi aisé de calculer $P_i = e^{A\delta}P_{i-1}$.

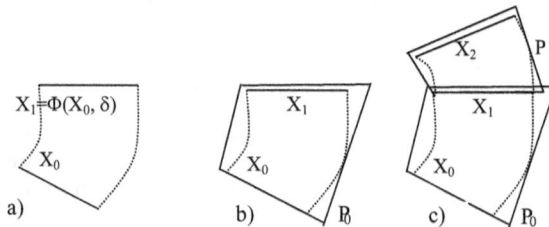

FIG. 2.16 – Approximation échantillonnée

Cette approche peut également être utilisée pour des systèmes dont la dynamique est définie par $\dot{\mathbf{x}} = A\mathbf{x} + \mathbf{u}$ où $\mathbf{u}$ représente une incertitude bornée. A chaque itération l'approximation de l'espace d'état est alors donnée [57] par $P_i = e^{A\delta}P_{i-1} \oplus V$ où V est une région qui dépend de l'incertitude et de la dynamique, et où $\oplus$ représente la somme de Minkowski[9] des ensembles.

On peut donc voir que le calcul d'atteignabilité continu que ce soit par élimination simple du temps ou par calcul échantillonné repose sur des principes simples mais la difficulté réside dans la mise en oeuvre des calculs. En particulier, il est nécessaire de manipuler des régions de l'espace d'état pour calculer des intersections, des unions, des transformations par la dynamique ou des sommes de Minkowski. Il est donc important de choisir des représentations des régions continues, qui soient simples et qui permettent des calculs efficaces. La complexité des calculs dépend de la dimension de l'espace d'état et de la dynamique du système considéré. Les approches présentées dans la suite considèrent donc d'une part les solutions au niveau de la représentation des régions et des calculs pour repousser la frontière de complexité dans le plan dimension/richesse de la dynamique (voir figure 2.17), et d'autre part, les solutions au niveau simplification pour ramener les systèmes qui sont au delà de la frontière dans les zones où ils peuvent être pris en compte.

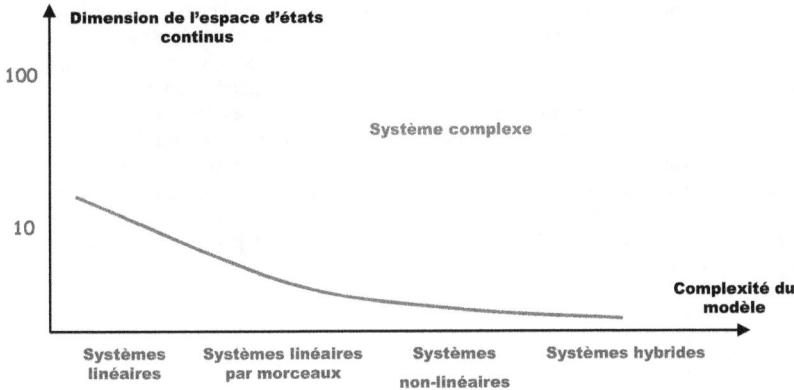

FIG. 2.17 – Barrière de complexité [60]

2.4.3.2 Représentations

Pour choisir une représentation des régions de l'espace continu il est important de prendre en compte la compacité des représentations et la complexité des calculs sur ce type de représentation. Un autre point important est la fermeture des espaces de représentation vis-à-vis des opérations nécessaires au calcul d'atteignabilité. En effet, si cette condition n'est pas vérifiée, c'est-à-dire si l'application d'une transformation à une région ne fournit pas une région de même type, il est nécessaire pour poursuivre le calcul de déterminer une région du type adéquat et contenant le résultat intermédiaire, ce qui introduit des imprécisions. Par exemple, pour des régions représentées par des ellipsoïdes, la somme de Minkowski de 2 ellipsoïdes n'étant pas un

---

[9]la somme de Minkowski de 2 ensembles A et B, étant définie par $A \oplus B = \{ a + b \mid a \in A \ \wedge \ b \in B \}$

ellipsoïde, il est nécessaire, pour fournir le résultat de cette opération dans la représentation choisie, de calculer un ellipsoïde qui contient la somme considérée.

Si on voit apparaître des approches basées sur des représentations polynomiales des régions, par exemple avec des courbes de Bézier [61], les représentations les plus classiques sont les ellipsoïdes [62] et différentes formes de polyèdres. Les ellipsoïdes présentent en effet l'intérêt d'une représentation compacte, et leur ensemble est fermé pour la transformation correspondant à l'évolution par la dynamique continue. Cependant ce n'est pas le cas pour les autres transformations ce qui peut conduire à des approximations importantes. Dans la suite nous nous intéressons à la représentation par des polyèdres.

Hyper-rectangles

La forme la plus simple de polyèdres est constituée par les hyper-rectangles où toutes les frontières sont orthogonales à l'un des axes de la base c'est-à-dire où les contraintes définissant les frontières s'expriment en fonction d'une seule composante. La difficulté est que cette représentation n'est pas fermée par la transformation correspondant à l'évolution dynamique comme on peut le voir sur la figure 2.18.a où le résultat de la rotation du rectangle A_0 sera le rectangle A_1 qui n'est pas un hyper-rectangle et qui doit être approximé par l'hyper-rectangle représenté en pointillés. Ce phénomène, dit d'enveloppement, est cependant bien connu et maîtrisé dans le domaine du calcul par intervalles (voir [63] pour un état de l'art). Une des solutions consiste par exemple à exprimer, autant que possible, le résultat sous la forme d'hyper-rectangles dans une base intermédiaire limitant cet effet (voir figure 2.18.b) rejoignant les considérations de [43]. Les avancées dans le domaine de la résolution des équations différentielles par les méthodes de calcul garanti par intervalles relancent l'intérêt de la représentation par hyper-rectangles, en particulier pour prendre en compte les incertitudes de modélisation.

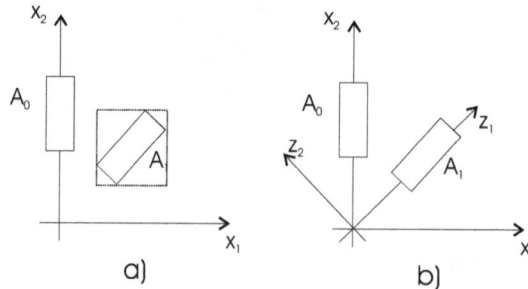

FIG. 2.18 – Effet d'enveloppement

Polyèdres

L'utilisation de polyèdres convexes généraux pour représenter les régions de l'espace d'état continu dans les calculs d'atteignabilité n'est pas nouvelle puisqu'elle apparaît naturellement lorsqu'on considère des systèmes à inclusions différentielles linéaires. Le problème qu'on rencontre est que, rapidement, la propagation lors du calcul itératif conduit à des coefficients de plus en plus compliqués. Lorsqu'on utilise des représentations de polyèdres avec des entiers afin de garantir l'exactitude des calculs effectués, on est rapidement amené à utiliser des entiers avec des nombres de chiffres très élevés dépassant souvent les capacités de codage normales des langages. Si les bibliothèques polyèdrales telles la 'Parma Polyhedra Library' [64] permettent la manipulation de tels polyèdres il est cependant intéressant de pouvoir simplifier la représentation tout en garantissant que la simplification définit bien une sur-approximation.

Une telle approche de simplification des contraintes et de leur représentation est par exemple proposée dans [47] et est illustrée sur la figure 2.19. A partir d'une contrainte linéaire ($c^T x < b$) utilisant des entiers codés sur un certain nombre de bits (par exemple sur 7 bits en figure 2.19.a), elle permet de déterminer les coefficients entiers ($\tilde{c}$ et $\tilde{b}$) codés sur un nombre de bits inférieur (figure 2.19.b pour le codage de $\tilde{c}$ sur 3 bits) qui expriment la contrainte la plus proche garantissant que le respect de la nouvelle contrainte $\tilde{c}^T x < \tilde{b}$ (figure 2.19.c pour la détermination de la contrainte et figure 2.19.d pour son expression sur 3 bits) implique le respect de la contrainte originale $c^T x < b$.

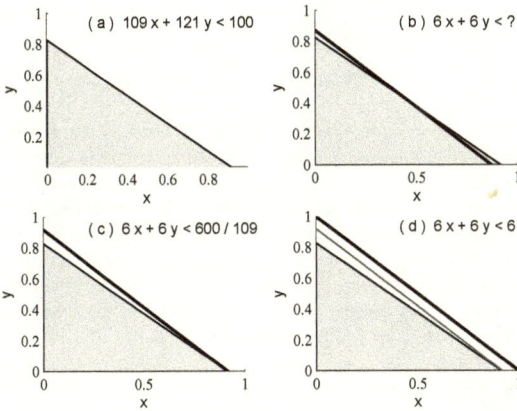

FIG. 2.19 – Limitation du nombre de bits d'une contrainte [58]

Zonotopes

Une dernière catégorie de polyèdres utile pour la représentation des régions de l'espace continu est celle des zonotopes [65, 57] qui possèdent une représentation compacte et dont l'ensemble est fermé pour la plupart des opérations utiles dans le calcul d'atteignabilité.

Un zonotope est défini par à partir de son centre c, et de ses générateurs $g_1, ..., g_m$ par :

$$\mathbf{Z} = (c, \langle g_1, ..., g_m \rangle) = \{c + \sum_{j=0}^{m} \alpha_j g_j \mid \forall j, \ \alpha_j \in [-1; 1]\}$$

ce qui en fournit une représentation compacte (figure 2.20). De plus l'ensemble des zonotopes est le plus petit ensemble, fermé par transformation linéaire et par somme de Minkowski, contenant des ensembles connexes non réduits à un point [66]. Cette représentation est donc particulièrement intéressante lorsque l'on considère des systèmes linéaires avec des entrées bornées incertaines.

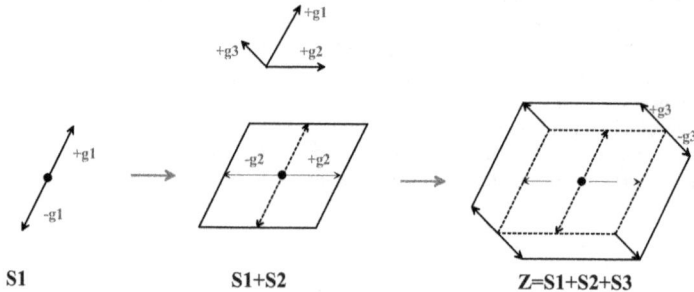

FIG. 2.20 – Construction d'un zonotope Z plan avec trois générateurs

Comme dans le cadre général des polyèdres, la propagation lors du calcul itératif d'atteignabilité conduit à augmenter le nombre de générateurs du zonotope et donc la complexité de sa représentation. Il est donc nécessaire pour simplifier le calcul de remplacer certains zonotopes par d'autres qui possèdent moins de générateurs mais qui les contiennent.

L'utilisation de zonotopes pour des systèmes linéaires permet de calculer, par un calcul échantillonné, une sur-approximation de l'espace atteignable pour des systèmes de grande dimension. Une limitation importante de cette représentation pour les systèmes hybrides reste cependant la difficulté de déterminer, sous cette forme, les intersections de l'approximation de l'espace atteignable avec les invariants et les conditions de gardes.

2.4.3.3 Réduction de complexité

La complexité du calcul d'atteignabilité vient d'une part de la dimension des espaces d'états continus et d'autre part des dynamiques continues considérées. Les techniques pour réduire la complexité des systèmes pour les ramener dans un domaine en deçà de la barrière de complexité considère donc ces deux problèmes.

Réduction de dimension

La première idée pour diminuer la dimension du problème est de mettre en évidence des sous-espaces de l'espace d'état tels que, si on projette la dynamique dans ces différents sous-espaces, l'influence du comportement dans un sous-espace sur le comportement dans l'autre sous-espace est faible [67, 68, 69]. Si cette décomposition est possible, le calcul d'atteignabilité peut être mené dans chacun des sous espaces en considérant l'influence de l'autre partie comme une perturbation.

Une autre approche de réduction de dimension est celle proposée par [70] basée sur la notion de simulation de trajectoires. Cette notion permet de construire un système d'ordre réduit dont on peut garantir que les trajectoires sont voisines des projections de celles du système initial avec une précision déterminée. En faisant le calcul d'atteignabilité sur le système d'ordre réduit et en prenant en compte la précision garantie sur les trajectoires, il est possible de déterminer une approximation, dans l'espace d'ordre réduit, de l'espace atteignable qui permet de conclure à l'atteignabilité ou non d'une région.

La difficulté principale avec ces approches de projection et de réduction d'ordre, lorsque l'on veut les utiliser pour un système hybride, est de revenir de la détermination de l'espace atteignable et de son intersection avec la condition de garde en dimension réduite, à la dimension initiale, sans que ce retour ne conduise à de trop grandes approximations.

Hybridisation

Une deuxième approche pour réduire la complexité des calculs consiste à approximer une dynamique par une dynamique plus simple [71, 72]. L'illustration la plus générale de cette approche est celui de la linéarisation des dynamiques non linéaires en prenant en compte l'erreur de linéarisation. Ceci revient alors à approximer l'équation $\dot{\mathbf{x}} = f(\mathbf{x})$ par une équation du type $\dot{\mathbf{x}} = A\mathbf{x} + \mathbf{b}$ où $\mathbf{b}$ est une incertitude bornée telle que, pour tout $\mathbf{x}$, $f(\mathbf{x})$ appartienne à $A\mathbf{x} + \mathbf{b}$. Bien sûr, comme dans le cas du passage à une inclusion différentielle évoquée plus haut, plus la région sur laquelle on fait l'approximation est petite et meilleure est cette dernière. Cette approche repose donc sur une partition de l'invariant de la situation, et la détermination pour chaque élément de la partition d'une dynamique qui est en générale affine, conduisant, pour le modèle global associé à la situation, à un modèle affine par morceaux dont l'espace atteignable est une sur-approximation de celui du système de départ. Les points délicats pour concilier simplicité des calculs et précision des résultats sont le choix des éléments de la partition et la méthode de linéarisation.

2.4.4   Conclusion

Le problème de la vérification des systèmes hybrides peut être abordé selon deux directions. La première consiste à construire un système événementiel sur lequel est effectuée la vérification. On est alors confronté à une vue locale de l'atteignabilité alors que dans la seconde on considère le problème de l'atteignabilité de manière plus globale. Puisque, dans un cas comme dans l'autre, le calcul d'atteignabilité exacte est complexe, on se contente en général de sur-approximations de l'espace atteignable qui permettent de prouver le respect des propriétés de sûreté mais plus difficilement leur non-respect.

Les principes généraux de vérification tels que l'abstraction, les calculs d'atteignabilité hybride, le raffinement par les contre-exemples, les alternances d'atteignabilité avant et arrière, ... sont bien établis et les avancées portent principalement sur les calculs qui permettent leur mise en oeuvre. L'objectif est de trouver le meilleur compromis entre la compacité de représentation des régions, la pertinence des régions ainsi décrites, l'efficacité et la précision des calculs. Jusqu'à présent, les choix ont été principalement guidés par le calcul de l'atteignabilité continue et la résolution des équations différentielles. Pour les systèmes hybrides, le franchissement des transitions discrètes est cependant un point important à prendre en compte. En effet, le choix d'une représentation guidée par des calculs continus précis et efficaces, peut conduire à des approximations importantes lors du calcul des intersections avec les gardes des transitions, et de leur image par les fonctions de saut. Le résultat global pourra alors être peu pertinent.

On étendra, dans la suite de cette thèse, une approche qui s'inscrit dans le cadre de l'hybridisation (présenté ci dessus) pour mener la vérification de propriété de sûreté sur un système de dynamique affine [56]. Dans cette approche, comme nous le verrons dans le chapitre suivant, la prise en compte de propriétés dynamiques a permis d'obtenir une approximation de la dynamique sous forme d'inclusion différentielles polyèdrales. Ainsi, les espaces atteignables sont calculés simplement grâce à des opérations de base sur les polyèdres. Une extension de cette approche est proposée par la suite afin de mener l'analyse d'atteignabilité sur des systèmes affines avec incertitudes.

Chapitre 3

Atteignabilité des Systèmes Dynamiques Affines

3.1 Introduction

L'état de l'art sur la vérification, exposé dans le chapitre précédent, a révélé, entre autres, le véritable essor que connut le calcul d'atteignabilité dans la vérification des systèmes hybrides et en particulier dans les systèmes continus (pour plus de détails voir [27]). En effet, il est devenu une problématique de recherche majeure pour les systèmes hybrides. Plusieurs approches traitent ce problème en se basant soit sur une combinaison d'intégrations numériques [73], soit sur des algorithmes géométriques [74]. Cependant, il est aussi possible d'utiliser la méthode d'hybridisation pour accomplir ce calcul. L'idée de base, introduite par [55], consiste à partitionner l'espace d'état continu en cellules et construire une abstraction de la dynamique continue dans chacune d'elles par une inclusion différentielle linéaire par laquelle l'espace atteignable peut être calculé avec des polyèdres [47]. Un point clé est alors de trouver un compromis entre le nombre des cellules issues de la partition et la précision de la sur-approximation. Le choix des hyperplans qui définissent les cellules joue un role important. En effet, ce choix affecte la finesse de l'approximation réalisée sur la dynamique et par conséquent la précision de la (sur)-approximation dans le calcul de l'espace atteignable. Pour répondre à ces exigence, l'approche présentée dans [56] propose une utilisation judicieuse des propriétés structurelles de la dynamique pour guider de manière particulière la construction de l'abstraction.

Ce chapitre, propose tout d'abord une présentation de cette approche de construction d'une abstraction du comportement continu appliquée à un système de dimension 2 (section 3.2). La dynamique de ce système est régie par une équation différentielle affine de la forme suivante

$$x'(t) = Ax(t) + b$$

où A une matrice réelle et b un vecteur réel complètement connu, cette dynamique étant associée à une région polyèdrale invariante de l'espace d'état, notée Inv.

Ensuite, nous proposerons une extension de cette approche afin de mener l'analyse d'atteignabilité sur des modèles avec incertitudes bornées :

$$x'(t) = Ax(t) + b + u(t)$$

où u est considéré dans un polytope U.

Dans un premier temps, nous supposerons que l'incertitude u est fixe dans le temps mais inconnue (section 3.3). Nous étudierons ensuite un cas plus général où l'incertitude est variable dans le temps et inconnue (section 3.4).

Afin de bien saisir chacune de ces approches, nous présenterons tout d'abord la base théorique utilisée. Ensuite, nous exposerons les différents algorithmes nécessaires à la mise en application de ces approches. Enfin, nous clôturerons l'étude de chaque approche proposée par un exemple illustratif.

3.2   Atteignabilité des systèmes affines sans incertitudes

Cette section reprend les résultats de travaux précédents [75, 56] proposant une approche permettant de manière simple le calcul de l'espace atteignable sur un système affine et sans incertitudes.

La dynamique continue du système considéré est complètement connue et prend la forme suivante 3.1 :

$$x'(t) = Ax(t) + b \qquad (3.1)$$

où A une matrice $n \times n$ à coefficients constants, b un vecteur constant de $\mathbb{R}^n$ et $x(t) \in \mathbb{R}^n$.

Cette approche consiste à rechercher une abstraction de la dynamique continue et à montrer comment le calcul d'atteignabilité est mené dans ce cas. La construction de cette abstraction est fondée sur une partition de l'espace d'état dont les éléments permettent la définition d'une dynamique simplifiée (sous forme d'inclusions différentielles).

Pour retracer les différentes phases de la construction de cette approche, nous considérons un cas simple où :
- la dimension de système est égale à 2,
- la matrice A est non singulière (inversible).

Le système spécifié par l'équation 3.1 possède alors un point d'équilibre, noté x_e, défini par :

$$x_e = -A^{-1}b \qquad (3.2)$$

En utilisant cette équation, il est alors possible de réécrire la dynamique du système sous la forme suivante :

$$x' = A(x - x_e) \qquad (3.3)$$

Une utilisation adéquate des propriétés dynamiques du système 3.1 a permis de définir une famille de droites permettant d'élaborer une partition de l'espace d'état. Dans chaque élément de cette partition, il est possible de caractériser un encadrement du vecteur dérivée.

3.2.1   Construction de l'abstraction

Il est montré, à partir de l'équation 3.3, que toute droite de la forme 3.4 est une *droite isocline* [1]

$$I_i = \{\, x \in \mathbb{R}^2 \mid q_i^T(x - x_e) = 0 \,\} \text{ où } q_i \text{ est un vecteur constant de } \mathbb{R}^2. \qquad (3.4)$$

---

[1]Une droite telle que en tous ses points le vecteur dérivée est orthogonal à un même vecteur

Pour toute droite isocline définie par 3.4, il est alors possible de caractériser le vecteur dérivée par l'équation 3.5 :

$$\gamma_i^T x' = 0 \ \text{ avec } \ \gamma_i = (A^T)^{-1} q_i \tag{3.5}$$

Remarque 3.1 *L'équation 3.5 impose seulement une contrainte sur la direction et pas sur la norme du vecteur dérivée.*

Les éléments de la partition de l'espace d'état sont des secteurs, notés S_i, compris entre deux isoclines successives (I_i et I_{i+1}) et sur lesquels la dynamique du système est abstraite par une inclusion différentielle. En effet, tout point d'un secteur S_i défini par l'équation 3.6 et délimité par deux demi-droites isoclines passant par le point d'équilibre possède une dérivée incluse dans un secteur S_i', défini par l'équation 3.7 et délimité par deux demi-droites passant par l'origine et dont les vecteurs directeurs sont colinéaires aux dérivées des points appartenant aux demi-droites (voir figure 3.1).

$$S_i = \{x \mid q_i^T(x - x_e) \geq 0 \ \wedge \ q_{i+1}^T(x - x_e) \leq 0\} \tag{3.6}$$

avec $q_i, q_{i+1} \in \mathbb{R}^2$.

$$S_i' = \{x' \mid \gamma_i^T x' \geq 0 \ \wedge \ \gamma_{i+1}^T x' \leq 0\} \tag{3.7}$$

avec $\gamma_i^T = q_i^T A^{-1}$ et $\gamma_{i+1}^T = q_{i+1}^T A^{-1}$.

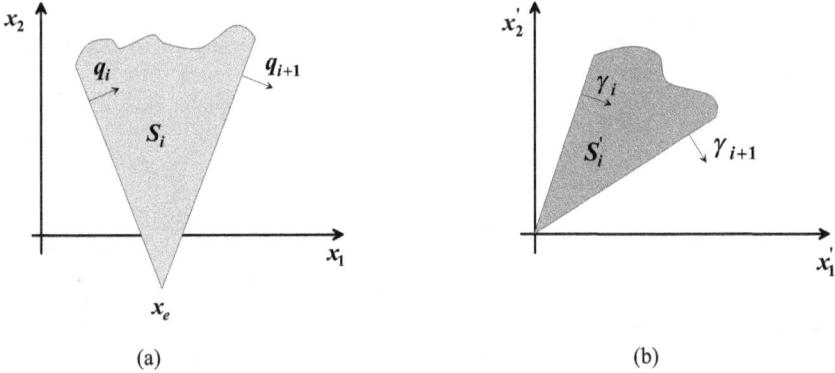

(a)   (b)

FIG. 3.1 – Secteur inter-isoclines (a) et secteur des dérivées associé (b) [56]

Dans le cas où les valeurs propres de la matrice A sont réelles, les droites isoclines définies par l'équation 3.8 sont des *droites séparatrices* [2]

$$I_{s_k} = \{x \in \mathbb{R}^2 \mid w_k^T(x - x_e) = 0\} \tag{3.8}$$

où w_k un vecteur propre à gauche de A.

En conséquence, toute région délimitée par ces droites est invariante (voir figure 3.2).

---

[2] Des droites infranchissables

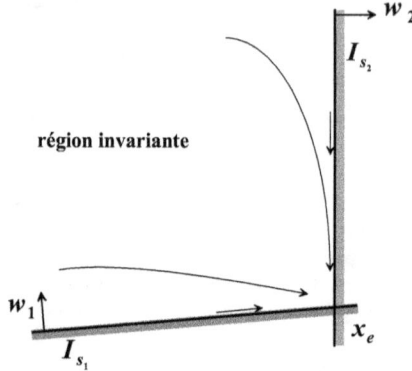

FIG. 3.2 – Exemples de région invariante

D'autre part, à partir de l'équation 3.5, il est facile de monter que les droites isoclines non séparatrices passant le point d'équilibre sont traversées dans un seul sens. En conséquence, si les frontières d'un secteur défini par 3.6 ne sont pas des droites séparatrices, les trajectoires de la dynamique continue rentrent par une frontière et ressortent par l'autre (voir figure 3.3).

Détermination de la partition de l'espace d'état

On rappelle que les vecteurs (w_1, w_2) représentent les vecteurs propres à gauche de la matrice A.

Pour construire une abstraction de la dynamique continue, nous allons procéder à la partition de l'espace d'état. Dans l'absolu, cette partition est basée sur l'utilisation de n'importe quelle droite isocline passant par le point d'équilibre. Néanmoins, dans le cas où la matrice A admet deux valeurs propres réelles, il est fortement conseillé d'entreprendre la partition de l'espace d'état par un découpage basé sur l'utilisation des droites séparatrices pour distinguer les régions invariantes. Il parait judicieux par la suite de ne partitionner que la ou les régions invariantes contenant la région initiale. Une solution est alors de considérer les vecteurs propres à gauche pour réaliser cette partition. Autrement dit, les droites isoclines utilisées dans cette partition seront des droites passant le point d'équilibre et orthogonales à des vecteurs q_i formés par une combinaison des vecteurs propres :

$$q_i = (1 - \theta_i)w_1 + \theta_i w_2, \ \ \text{avec} \ \theta_i \in [0, 1]. \tag{3.9}$$

Remarque 3.2 *La génération des vecteurs q_i par combinaison convexe est aussi utilisée dans le cas où la matrice A admet deux valeurs propres complexes conjuguées mais avec deux vecteurs quelconques des sous-espaces propres (voir [75] pour plus de détails).*

En conclusion, la partition de l'espace d'état est telle que :

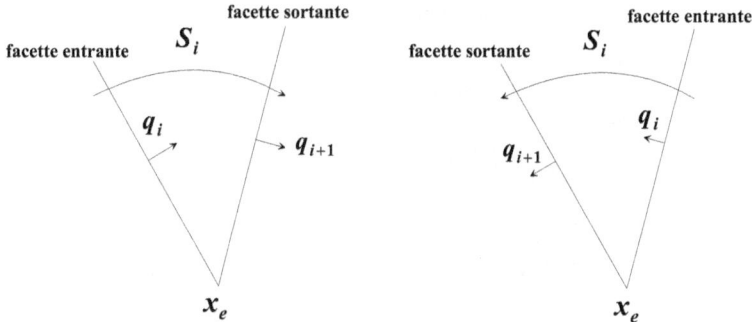

FIG. 3.3 – [75] Facettes entrantes et sortantes

- chaque élément de la partition est un secteur de la forme 3.6,
- dans chaque élément S_i de la partition, la dynamique du système est abstrait par une inclusion différentielle de la forme 3.7.

A partir de maintenant, les données relatives aux secteurs seront ordonnées dans le sens d'évolution d'une trajectoire. De cette façon, le couple de vecteurs (q_i, q_{i+1}) caractérisant un secteur S_i sera choisi de telle manière que le vecteur q_i spécifie la facette d'entrée et le vecteur q_{i+1} spécifie la facette de sortie (voir figure 3.3). Dans ce cas, le secteur S_{i+1} est le successeur du secteur S_i et réciproquement, le secteur S_i est un prédécesseur du secteur S_{i+1}.

La figure 3.4 montre l'exemple d'une région invariante de l'espace d'état découpée en 6 secteurs.

Précision et choix des θ_i

Comme évoqué dans l'introduction, un des problèmes des approches basées sur l'abstraction du comportement continu est de trouver un compromis entre la précision de l'abstraction et sa simplicité.

Intuitivement, dans cette approche, on peut dire que la précision sur le calcul de l'espace atteignable à partir d'une région initiale, dépend en particulier du nombre de secteurs considérés dans la partition de l'espace d'état et du choix à proprement parler des droites isoclines délimitant ces secteurs. Évidemment, on peut penser que plus le nombre de secteurs est élevé, meilleure sera la précision. Mais le gain en précision apporté par un découpage plus fin, au prix d'une complexité plus forte, n'est pas toujours significatif.

D'autre part, la position des droites délimitant les secteurs est également importante. Une solution est de générer ces droites de manière régulière (progression arithmétique sur l'évolution du coefficient θ_i dans l'équation 3.9). Cependant, le choix d'un découpage régulier peut conduire dans certain cas à une forte inégalité de répartition des droites d'encadrement du champ de vecteurs. Dans ce cas, le critère 3.10 peut être utilisé pour choisir le positionnement des droites délimitant les secteurs. Ce critère prend en compte deux des facteurs influençant la précision en quantifiant l'écartement entre les deux droites délimitant un secteur et entre les deux droites,

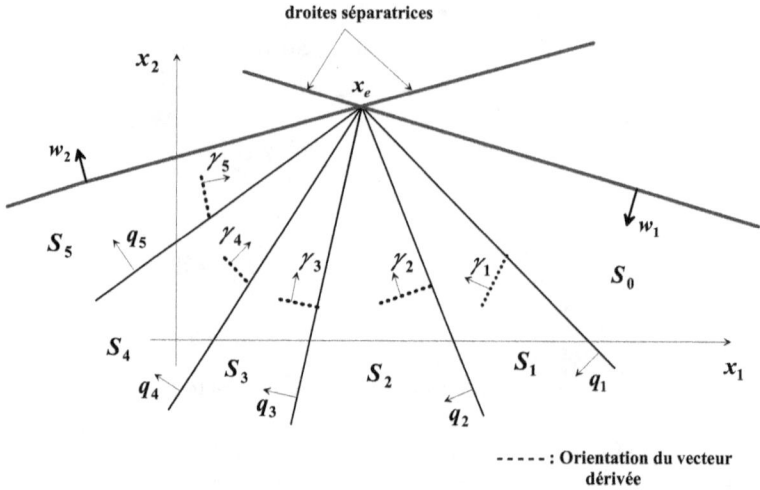

FIG. 3.4 – Exemple de découpage d'une région invariante

encadrant la dérivée, qui lui sont associées.

$$\text{Critère} = \frac{q_i^T q_{i+1}}{\parallel q_i \parallel \parallel q_{i+1} \parallel} \cdot \frac{\gamma_i^T \gamma_{i+1}}{\parallel \gamma_i \parallel \parallel \gamma_{i+1} \parallel} \tag{3.10}$$

3.2.2 Analyse d'atteignabilité

On se donne une partition de l'espace d'état telle qu'elle a été déterminée dans la partie précédente.

Nous souhaitons maintenant calculer, en utilisant l'abstraction de la dynamique continue définie précédemment, l'espace atteignable à partir d'une région polytopique $P_{init} \subset Inv$, noté $Att(P_{init})$. Une définition formelle de cet ensemble est donné par l'équation suivante 3.11 :

$$Att(P_{init}) = \{ x \mid \exists x_{init} \in P_{init}, \exists t \geq 0 \text{ tel que } x = \xi(t) \text{ avec } \xi(0) = x_{init} \\ \text{et } \forall \tau \leq t \, , \, \xi'(\tau) = A\xi(\tau) + b \text{ et } \xi(\tau) \in Inv \} \tag{3.11}$$

Atteignabilité dans un secteur

On se donne un secteur S_i de la partition.

Étant donné que la dynamique du système dans le secteur S_i est abstraite par l'inclusion différentielle définie par l'équation 3.7, l'espace accessible à partir d'un point x_0 est alors donné par le cône C_{x_0} défini par 3.12 :

$$C_{x_0} = \{ x \mid \gamma_i^T(x - x_0) \geq 0 \, \wedge \, \gamma_{i+1}^T(x - x_0) \leq 0 \}. \tag{3.12}$$

Ce résultat est prouvé par la considération de l'évolution du vecteur d'état à partir du point x_0 :

$$x(t) = x_0 + \int_{t_0}^{t} x'(\tau)d\tau = x_0 + \int_{t_0}^{t} A(x(\tau) - x_e)d\tau.$$

En effet, lorsque le vecteur d'état est dans un secteur défini par l'équation 3.6, l'équation 3.7 nous permet d'écrire :

$$\gamma_i^T(x(t) - x_0) = \gamma_i^T \int_{t_0}^{t} A(x(\tau) - x_e)d\tau = \int_{t_0}^{t} \gamma_i^T A(x(\tau) - x_e)d\tau = \int_{t_0}^{t} q_i^T(x(\tau) - x_e)d\tau \geq 0 \text{ et}$$

$$\gamma_{i+1}^T(x(t) - x_0) = \int_{t_0}^{t} q_{i+1}^T(x(\tau) - x_e)d\tau \leq 0.$$

Ainsi, comme illustré sur la figure 3.5 (a), l'espace atteignable dans le secteur S_i à partir d'un point x_0 est un polyèdre défini comme l'intersection du cône C_{x_0} avec ce secteur et la région invariante Inv :

$$Att(x_0)_{/S_i} = C_{x_0} \cap S_i \cap Inv \tag{3.13}$$

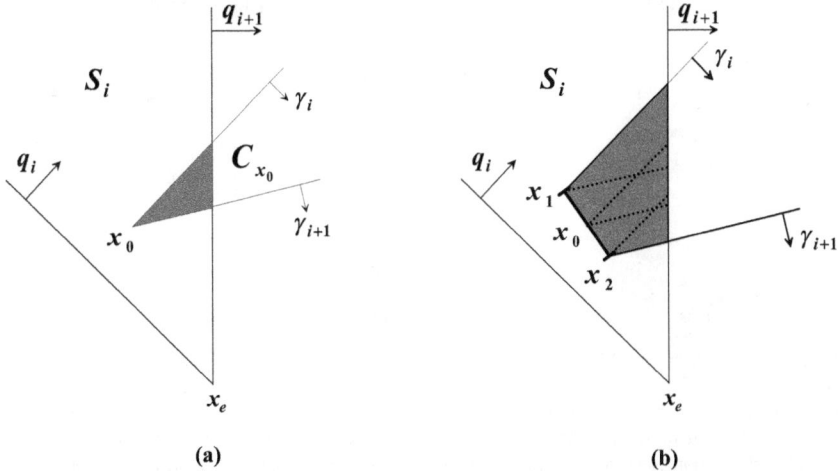

FIG. 3.5 – Accessibilité dans un secteur

De manière générale, l'espace atteignable à partir des points d'un polytope P inclus dans le secteur S_i est l'intersection de l'union convexe des espaces accessibles à partir de chacun des sommets du polytope, du secteur et de la région invariante Inv (voir figure 3.5 (b)) :

$$Att(P)_{/S_i} = convhull(C_{x_{s_1}}, C_{x_{s_2}}, ...) \cap S_i \cap Inv \tag{3.14}$$

avec x_{s_j} un sommet de P.

Procédure de calcul d'atteignabilité

Nous considérons dans un premier temps que le domaine initial P_{init} est réduit à un point x_{init}.

Afin d'initialiser cette procédure du calcul, nous devons tout d'abord identifier l'élément (ou secteur) S_i de la partition contenant le point x_{init}. La première phase du calcul consiste alors à déterminer l'espace atteignable dans le secteur S_i à partir du point x_{init}, qu'on note $Att(x_{init})_{/S_i}$, ainsi que l'illustre la figure 3.6 (a).

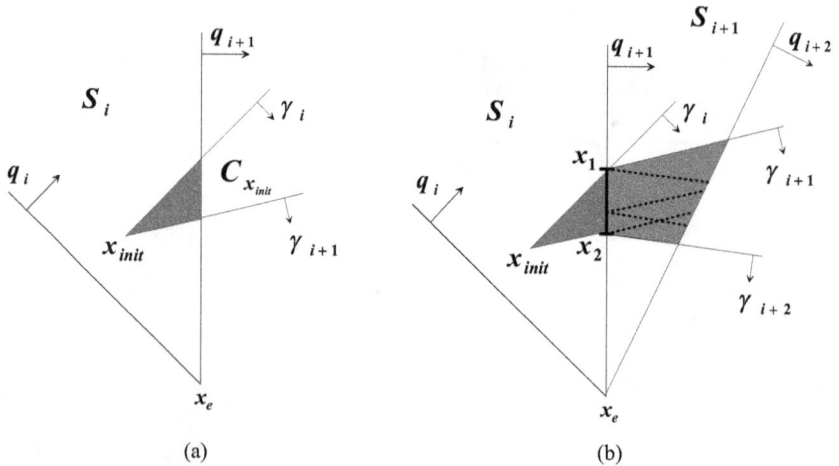

(a)　　　　　　　　　　　　　(b)

FIG. 3.6 – Les deux premières itérations du calcul d'atteignabilité

L'intersection du polyèdre $Att(x_{init})_{/S_i}$ avec la facette de sortie, spécifiée par le vecteur q_{i+1}, définit un segment $[x_1, x_2]$. Lorsque cette frontière n'est pas une séparatrice, on réitère le calcul de l'espace atteignable dans le secteur suivant, S_{i+1} en calculant le domaine $Att([x_1, x_2])_{/S_{i+1}}$ à partir du segment $[x_1, x_2]$. D'après l'équation 3.14, ce domaine n'est autre qu'un polyèdre résultant de l'union convexe des espaces atteignables dans le secteur S_{i+1} à partir de chacune des extrémités (ou sommets) du segment $[x_1, x_2]$ (voir figure 3.6 (b)). A ce stade, l'espace atteignable dans Inv à partir du point x_{init} est simplement donné par la relation suivante :

$$Att(x_{init}) = Att(x_{init})_{/S_i} \cup Att([x_1, x_2])_{/S_{i+1}} \tag{3.15}$$

Tant qu'il n'y a pas de contrainte qui exprime la non accessibilité du secteur suivant, on continue le calcul de l'espace atteignable jusqu'à la validation d'un test d'arrêt (par exemple espace atteignable invariant).

Sur la figure 3.7, nous avons représenté l'espace atteignable dans le polyèdre Inv à partir d'un point initial x_{init}.

Considérons maintenant le cas d'une région initiale P_{init} non ponctuelle. Dans ce cas, la procédure du calcul de l'espace atteignable est globalement la même que celle présentée pour le cas d'une région initiale ponctuelle, avec les différences suivantes concernant le début du calcul :

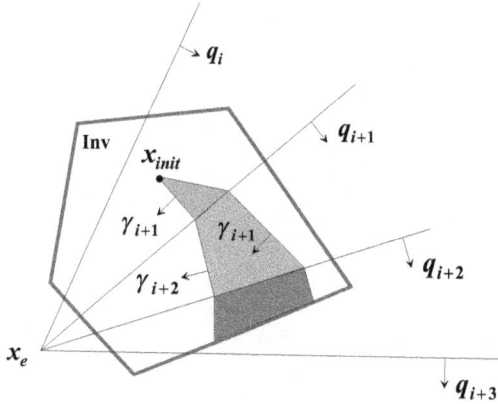

FIG. 3.7 – Espace atteignable dans le polyèdre Inv à partir du point x_{init}

◇ l'espace atteignable dans le premier secteur [3], S_{i_0}, est seulement calculé à partir de la région initiale $P_{init,S_{i_0}} = P_{init} \cap S_{i_0}$.

◇ dans chaque secteur S_i de la partition tel que $P_{init} \cap S_i \neq \emptyset$ et $i \neq i_0$, l'espace atteignable est calculé à partir d'une région, notée P_{init,S_i}, union convexe de la région $P_{init} \cap S_i$ et du segment $[x_1, x_2]$ défini par l'intersection de l'espace atteignable calculé dans le secteur précédent avec la facette d'entrée du secteur S_i.

$$P_{init,S_i} = convexhull(P_{init} \cap S_i, [x_1, x_2])$$

3.2.3 Synthèse de la procédure d'analyse d'atteignabilité

On synthétise dans cette partie les principales phases pour abstraire un système continu affine sans incertitude et calculer une sur-approximation de l'espace atteignable à partir d'une région initiale (voir [75] pour plus de détails).

A partir de la connaissance de l'équation d'état modélisant la dynamique du système, du domaine invariant Inv et d'une région initiale polytopique P_{init}, le calcul de l'abstraction et de la sur-approximation de l'espace atteignable s'exprime au travers de l'algorithme 3.2.1. Les données relatives aux secteurs sont ordonnées dans le sens d'évolution d'une trajectoire. Nous rappelons que chaque secteur S_i est délimité par deux frontières (ou demi-droites isoclines), notés I_i et I_{i+1}, orthogonales respectivement à des vecteurs indépendants q_i et q_{i+1}. D'autre part, nous notons ZE_i la région polytopique (nous l'appelons aussi zone d'entrée) à partir de laquelle on calcule l'espace atteignable dans le secteur S_i.

---

[3]Le premier secteur, dans l'ensemble des secteurs contenant une partie de P_{init}, est le secteur sans prédécesseur

Algorithme 3.2.1 (Abstraction et atteignabilité)

- **_Données_ :**   - La loi dynamique : A, b.
  - La région initiale : P_{init}.
  - Le domaine invariant : Inv.
- **_Résultats_ :**   - Description des secteurs (vecteurs $\perp$) : q_i.
  - Description des dérivées associées aux secteurs (vecteurs $\perp$) : γ_i.
  - L'espace atteignable global à partir de la région P_{init} : $Att(P_{init})$.

Initialisation

- Découpage de l'espace d'état : (q_i, γ_i) ;
- Identification du premier secteur : S_{i_0} ;
- Initialisation du secteur actif (secteur dans lequel on effectuera le calcul d'atteignabilité à chaque itération) : $S_i := S_{i_0}$, $i = i_0$;
- Initialisation de la zone d'entrée dans le secteur actif : $ZE_i := P_{init} \cap S_i$;
- Initialisation de l'espace atteignable global : $Att(P_{init}) := \varnothing$;

Boucle principale

tant que $ZE_i \neq \emptyset$ **faire**
   1. Recherche de l'espace atteignable $Att(ZE_i)_{/S_i}$ dans S_i à partir de ZE_i par la formule 3.14
   2. Mise à jour de l'espace atteignable global :
     $Att(P_{init}) := Att(P_{init}) \cup Att(ZE_i)_{/S_i}$;
   3. Ré-initialisation
     si   la frontière I_{i+1} n'est pas une séparatrice **alors**
       $\diamond$ calcul de la zone d'entrée ZE_{i+1} :
         si $P_{init} \cap S_{i+1} = \emptyset$ **alors**
          $ZE_{i+1} := Att(ZE_i)_{/S_i} \cap I_{i+1}$;
         sinon
          $ZE_{i+1} := convexhull(Att(ZE_i)_{/S_i} \cap I_{i+1}, P_{init} \cap S_{i+1})$;
         fin
       $\diamond i := i + 1$;
     sinon
       $\diamond ZE_{i+1} := \emptyset$;
     fin
fin

3.2.4   Exemple illustratif

On considère le système :

$$x'(t) = Ax(t) + b, \text{ avec } A = \begin{pmatrix} 0 & 1 \\ -4 & -5 \end{pmatrix} \text{ et } b = \begin{pmatrix} -1 \\ 19 \end{pmatrix}.$$

Le domaine invariant Inv est défini par tout l'espace d'état.

Pour ce système, les valeurs propres de la matrice A sont réelles. En conséquence, l'espace d'état est découpé en quatre régions invariantes délimitées par des droites séparatrices. Chacune de ces droites est orthogonale à l'un des vecteurs propres à gauche de la matrice A :

$$w_1 = \begin{pmatrix} 1 \\ 1 \end{pmatrix} \text{ et } w_2 = \begin{pmatrix} 4 \\ 1 \end{pmatrix}.$$

Comme mentionné auparavant, la donnée d'une condition initiale nous permet d'identifier la région invariante dans laquelle évolue le système.

Sur la figure 3.8, nous avons représenté dans chaque région invariante l'espace atteignable calculé à partir d'un point. Les coordonnées de ces points initiaux, données dans l'ordre croissant des indices de régions invariantes, sont :

$$\begin{pmatrix} 0.5 \\ 4 \end{pmatrix}, \begin{pmatrix} 1 \\ -3 \end{pmatrix}, \begin{pmatrix} -0.5 \\ -4 \end{pmatrix} \text{ et } \begin{pmatrix} -1 \\ 3 \end{pmatrix}$$

On remarque bien que chaque espace atteignable reste cantonné dans la région invariante à laquelle appartenait le point initial.

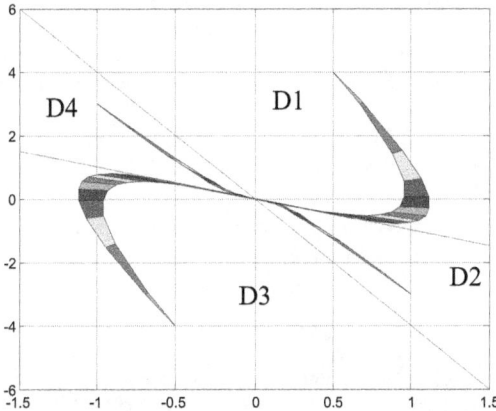

FIG. 3.8 – Espace atteignable dans chaque région invariante

Conclusion

Cette section a présenté les principes d'une approche permettant de manière simple le calcul d'atteignabilité sur un système dont la dynamique continue est affine et complètement connue. Pour conduire ce calcul d'atteignabilité, une forme d'abstraction du comportement du système est déterminée en réalisant une partition de l'espace d'état. Cette partition, basée sur l'utilisation d'isoclines, induit des propriétés intéressantes sur les dérivées, conduisant en particulier à l'obtention d'une simplification du comportement sous forme d'inclusions différentielles.

Des extensions de cette approche permettant de prendre en compte des incertitudes sur la dynamique continue sont présentées dans les sections suivantes.

3.3 Prise en compte des incertitudes bornées et fixes

Nous considérons dans cette section une dynamique continue avec incertitudes bornées et fixes dans le temps :

$$x'(t) = Ax(t) + b + u \tag{3.16}$$

où A une matrice $n \times n$ à coefficients constants, b un vecteur constant de $\mathbb{R}^n$ et $x(t) \in \mathbb{R}^n$. Par ailleurs, le terme de perturbation u prend une valeur fixe mais inconnue dans un polytope U de $\mathbb{R}^n$.

L'objectif dans cette section est de déterminer une sur-approximation de l'espace atteignable, noté $Att(P_{init})$, du système défini par l'équation 3.16, pour un ensemble de conditions initiales polytopique P_{init}. Pour y parvenir, nous allons proposer une nouvelle approche qui étend naturellement l'approche "de base" présentée dans la section précédente (cas d'une dynamique sans incertitude).

    Pour un système incertain 3.16, la caractérisation de l'espace atteignable est rendue difficile par le fait qu'il existe une infinité de valeurs d'incertitudes à considérer. Cependant, comme on le verra en détail par la suite, une solution consiste à appliquer l'approche de base à un nombre fini de valeurs du paramètre d'incertitude judicieusement choisies. L'idée de base sur laquelle repose la nouvelle approche est alors de déterminer ces valeurs particulières du paramètre d'incertitude.

Hypothèses

1. Nous restreignons notre cadre d'étude aux systèmes de dimension 2 et au cas où la matrice A est non singulière.

2. Nous considérons que le domaine d'incertitudes est un segment $U = [u_0, \ u_1]$.

    Afin de pouvoir utiliser l'approche de base présentée dans la section précédente, nous allons réécrire la dynamique du système sous la forme suivante :

$$x'(t) = Ax(t) + b_\alpha \tag{3.17}$$

avec $b_\alpha = (1 - \alpha)b_0 + \alpha b_1$, $0 \le \alpha \le 1$ où $b_0 = b + u_0$ et $b_1 = b + u_1$ sont deux vecteurs connus. De cette façon, la recherche de valeurs particulières du paramètres d'incertitude sera traduit par une recherche sur des valeurs particulières du paramètre α.

Puisque la matrice A est considérée inversible, il est alors possible d'associer un point d'équilibre à chaque valeur du paramètre α, noté x_{e_α}. Ce point peut être calculé en fonction des points d'équilibre associés aux vecteurs b_0 et b_1 :

$$x_{e_\alpha} = (1 - \alpha)x_{e_0} + \alpha x_{e_1} \tag{3.18}$$

avec $x_{e_0} = -A^{-1}b_0$ et $x_{e_1} = -A^{-1}b_1$.

3.3.1 Analyse d'atteignabilité

Nous souhaitons dans cette partie mettre en place une approche permettant le calcul d'une sur-approximation de l'espace atteignable du système défini par l'équation 3.17 à partir de la région initiale P_{init}. Cette approche sera basée sur un choix judicieux d'un ensemble fini de valeurs particulières du paramètre α, qu'on note $\{\alpha_j | j = 1, ..., m\}$, permettant de décomposer l'intervalle $[0, 1]$ en sous-intervalles. On va montrer par la suite que sur chacun de ces sous-intervalles ($[\alpha_j, \alpha_{j+1}]$ avec $\alpha_j < \alpha_{j+1}$), l'espace atteignable par le système dynamique pourra être calculé en appliquant l'approche de base seulement pour les valeurs extrêmes (α_j et α_{j+1}). Le calcul d'atteignabilité pour un α variant continuement dans l'intervalle $[0, 1]$ sera alors traduit par un calcul d'atteignabilité pour un nombre fini de valeurs fixées de ce paramètre. Tout l'enjeu est alors d'identifier ces valeurs particulières du paramètre α et de montrer comment on effectuera le calcul d'atteignabilité en appliquant l'approche de base seulement pour ces valeurs.

Afin d'expliquer comment cette approche peut être réalisée, nous présentons tout d'abord quelques notations qui étendent celles vues dans le cas d'une dynamique sans incertitudes.

◇ $\{q_i \mid i = 1, ..., N\}$ est un ensemble donné de vecteurs linéairement indépendants.

◇ $I_{i,\alpha} = \{x \mid q_i^T(x - x_{e_\alpha}) = 0\}$ est la droite isocline passant par le point d'équilibre x_{e_α} et orthogonale au vecteur q_i.

◇ $S_{i,\alpha} = \{x \mid q_i^T(x - x_{e_\alpha}) \geq 0 \ \wedge \ q_{i+1}^T(x - x_{e_\alpha}) \leq 0\}$ est le secteur délimité par les droites isoclines $I_{i,\alpha}$ et $I_{i+1,\alpha}$.

Remarque 3.3 *Il est intéressant de signaler qu'en tout point de la droite $I_{i,\alpha}$, le vecteur dérivée est orthogonal au vecteur $\gamma_i = (A^T)^{-1}q_i$ qui ne dépend pas du paramètre α. Ainsi, dans un secteur $S_{i,\alpha}$, l'abstraction de la dynamique continue est aussi indépendante du paramètre α (cette abstraction dépend seulement du choix du couple (q_i, q_{i+1})).*

◇ $Att_\alpha(P_{init})$ l'espace atteignable du système défini par l'équation 3.17 à partir de P_{init} pour une valeur de α donnée.

◇ $R_{i,\alpha}(P_{init}) = Att_\alpha(P_{init}) \cap S_{i,\alpha}$ représente l'intersection de cet espace atteignable avec le secteur $S_{i,\alpha}$.

◇ $Att(P_{init})$ est l'espace atteignable du système avec incertitudes défini par l'équation 3.17, à partir de P_{init}.

Dans l'absolu, l'espace atteignable global $Att(P_{init})$ n'est autre que l'union des espaces atteignables dans l'ensemble des secteurs $\{S_{i,\alpha}\}$, avec $i \in \{1, ..., N\}$ et $\alpha \in [0, 1]$. Formellement, il est défini par 3.19 :

$$Att(P_{init}) = \bigcup_{\substack{i=1,...,N \\ \alpha \in [0,1]}} R_{i,\alpha}(P_{init}) \tag{3.19}$$

Le calcul de l'espace atteignable en utilisant cette caractérisation n'est malheureusement pas possible. En effet, avec la variation continue du paramètre α dans l'intervalle $[0, 1]$, on doit calculer un ensemble infini d'espaces atteignables ($R_{i,\alpha}$). Pour résoudre ce problème, on va chercher un ensemble fini de valeurs particulières du paramètre α, noté $\{\alpha_j \mid j = 1, ..., m\}$, permettant de décomposer l'intervalle $[0, 1]$ et de calculer pour chaque sous-intervalle l'espace atteignable à partir du calcul d'atteignabilité sur ses valeurs extrêmes. De cette façon, on ramène l'union infinie sur α en une union finie.

Notons l'union des espaces atteignables dans les secteurs $S_{i,\alpha}$ où $\alpha \in [\alpha_j, \ \alpha_{j+1}]$ par :

$$R_{i,[\alpha_j,\alpha_{j+1}]}(P_{init}) = \bigcup_{\alpha \in [\alpha_j,\alpha_{j+1}]} R_{i,\alpha}(P_{init}).$$

L'espace atteignable $Att(P_{init})$ peut être alors caractérisé par la forme 3.20 :

$$Att(P_{init}) = \bigcup_{i,j} R_{i,[\alpha_j,\alpha_{j+1}]}(P_{init}) \tag{3.20}$$

En effet, supposons que $\{\alpha_j \mid j = 1, ..., m\}$ est un ensemble tel que pour tout $j = 1, ..., m$, $\alpha_1 = 0$, $\alpha_m = 1$ et $\alpha_j < \alpha_{j+1}$. On peut alors écrire l'intervalle $[0, 1]$ comme :

$$[0, 1] = \bigcup_{j=1}^{m-1} [\alpha_j, \alpha_{j+1}]$$

Il vient alors :

$$Att(P_{init}) = \bigcup_{\substack{i=1,...,N \\ \alpha \in [0,1]}} R_{i,\alpha}(P_{init}) = \bigcup_{i=1}^{i=N} \bigcup_{j=1}^{m-1} \bigcup_{\alpha \in [\alpha_j,\alpha_{j+1}]} R_{i,\alpha}(P_{init})$$

$$= \bigcup_{i=1}^{i=N} \bigcup_{j=1}^{m-1} R_{i,[\alpha_j,\alpha_{j+1}]}(P_{init}) = \bigcup_{i,j} R_{i,[\alpha_j,\alpha_{j+1}]}(P_{init})$$

En conclusion, l'idée fondamentale, sur laquelle l'approche est fondée, repose sur un choix pertinent des valeurs α_j permettant le calcul de l'ensemble $R_{i,[\alpha_j,\alpha_{j+1}]}(P_{init})$ et par suite le calcul de l'ensemble atteignable $Att(P_{init})$ en utilisant l'équation 3.20 grâce à l'approche de base.

Pour ce faire, comme on va le démontrer dans la section suivante, chaque valeur de l'ensemble recherché sera choisie de telle sorte que, pour chaque couple (α_j, α_{j+1}) de valeurs consécutives, l'espace atteignable dans les secteurs $\{S_{i,\alpha}\}$ pour $\alpha \in [\alpha_j, \ \alpha_{j+1}]$ est l'union convexe des deux espaces atteignables calculés dans les secteurs "extrêmes" S_{i,α_j} et $S_{i,\alpha_{j+1}}$:

$$R_{i,[\alpha_j,\alpha_{j+1}]}(P_{init}) \stackrel{déf}{=} \bigcup_{\alpha \in [\alpha_j,\alpha_{j+1}]} R_{i,\alpha}(P_{init})$$
$$= convexhull(R_{i,\alpha_j}(P_{init}), \ R_{i,\alpha_{j+1}}(P_{init})) \tag{3.21}$$

3.3.1.1 Calcul de $R_{i,[\alpha_j,\alpha_{j+1}]}(P_{init})$

Soit $(\alpha_j, \ \alpha_{j+1})$ un couple de valeurs consécutives de l'ensemble $\{\alpha_j \mid j = 1, ..., m\} : \alpha_j < \alpha_{j+1}$.

Dans le but de justifier le choix des valeurs de α, nous proposons tout d'abord de montrer deux propriétés :

- la première (cf. propriété 3.1) prouve que si les points d'entrée dans les secteurs $S_{i,\alpha}$ pour $\alpha \in [\alpha_j, \alpha_{j+1}]$ sont alignés, les points de sortie correspondants le seront aussi ;
- la deuxième (cf. propriété 3.2) prouve, en considérant que les points d'entrée dans les secteurs $S_{i,\alpha}$, avec $\alpha \in [\alpha_j, \alpha_{j+1}]$, sont alignés, que l'union infinie des espaces atteignables calculés dans le secteur $S_{i,\alpha}$ n'est autre que l'union convexe des deux espaces atteignables associées aux deux valeurs extrêmes α_j et α_{j+1} du paramètre α. (voir figure 3.9).

Propriété 3.1 *Si α_j et α_{j+1} sont tels que pour toute valeur $\alpha \in [\alpha_j, \alpha_{j+1}]$ le point d'entrée x_α dans le secteur $S_{i,\alpha}$ est aligné avec les points d'entrée x_{α_j} et $x_{\alpha_{j+1}}$ dans les secteurs respectifs S_{i,α_j} et $S_{i,\alpha_{j+1}}$, les points de sortie relatifs à l'intersection de l'espace atteignable avec la frontière de sortie du secteur $S_{i,\alpha}$ sont aussi alignés avec les points de sortie relatifs aux secteurs S_{i,α_j} et $S_{i,\alpha_{j+1}}$.*

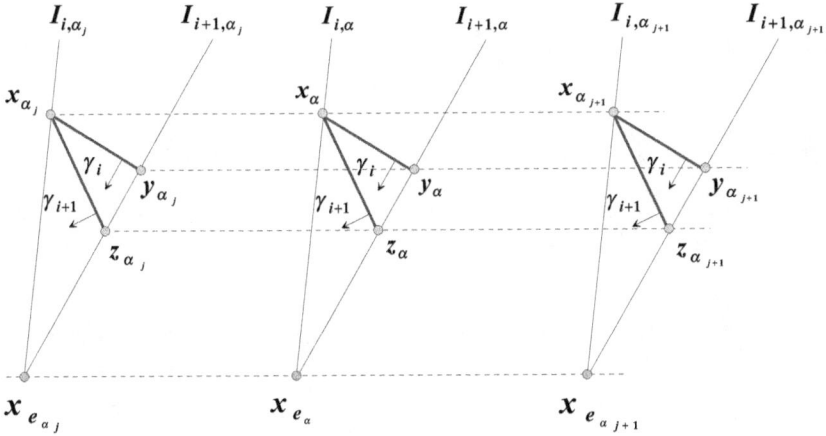

FIG. 3.9 – Caractéristique d'alignement des points de sortie selon les points d'entrée et la valeur de α

Preuve: Avant de montrer cette propriété on va monter qu'on a la même combinaison convexe entre les points d'équilibre et entre les points d'entrée considérés.

Vu que $\alpha \in [\alpha_j, \ \alpha_{j+1}]$, il existe un réel $\beta \in [0,1]$ tel que $\alpha = (1 - \beta)\alpha_j + \beta\alpha_{j+1}$. De cette relation et la relation 3.18, on déduit facilement que :

$$
\begin{aligned}
x_{e_\alpha} &= (1 - [(1 - \beta)\alpha_j + \beta\alpha_{j+1}])x_{e_0} + [(1 - \beta)\alpha_j + \beta\alpha_{j+1}]x_{e_1} \\
&= (1 - \beta)[(1 - \alpha_j)x_{e_0} + \alpha_j x_{e_1}] + \beta[(1 - \alpha_{j+1})x_{e_0} + \alpha_{j+1}x_{e_1}] \\
&= (1 - \beta)x_{e_{\alpha_j}} + \beta x_{e_{\alpha_{j+1}}}
\end{aligned}
\tag{3.22}
$$

D'autre part, on sait que $x_{\alpha_j} \in I_{i,\alpha_j}$ et $x_{\alpha_{j+1}} \in I_{i,\alpha_{j+1}}$. Donc,

$$
\left\{
\begin{array}{ll}
q_i^T(x_{\alpha_j} - x_{e_{\alpha_j}}) &= 0 \\
q_i^T(x_{\alpha_{j+1}} - x_{e_{\alpha_{j+1}}}) &= 0
\end{array}
\right.
\Rightarrow
\left\{
\begin{array}{ll}
q_i^T[(1 - \beta)x_{\alpha_j} - (1 - \beta)x_{e_{\alpha_j}}] &= 0 \\
q_i^T[\beta x_{\alpha_{j+1}} - \beta x_{e_{\alpha_{j+1}}}] &= 0
\end{array}
\right. .
$$

De ces deux relations additionnées et de la relation 3.22, il apparaît que $(1 - \beta)x_{\alpha_j} + \beta x_{\alpha_{j+1}}$ est un point de la droite $I_{i,\alpha}$. Compte tenu du fait que l'intersection de deux droites distinctes est soit l'ensemble vide soit un point unique, on peut conclure que

$$
x_\alpha = (1 - \beta)x_{\alpha_j} + \beta x_{\alpha_{j+1}}
\tag{3.23}
$$

Reprenons maintenant la preuve de la propriété (l'objectif est de prouver l'alignement des points de sortie).

Soient, pour $r = \alpha_j$, α, α_{j+1}, les points de sortie y_r et z_r définis par :

$$y_r \in \begin{cases} \gamma_i^T(x - x_r) = 0 \\ \\ q_{i+1}^T(x - x_{e_r}) = 0 \end{cases}$$

$$z_r \in \begin{cases} \gamma_{i+1}^T(x - x_r) = 0 \\ \\ q_{i+1}^T(x - x_{e_r}) = 0 \end{cases} \tag{3.24}$$

Ces points y_r et z_r appartiennent à l'intersection de l'espace accessible à partir du point x_r avec la frontière de sortie $I_{i+1,r}$ (voir figure 3.9).

Nous allons montrer que le point y_α est le résultat d'une combinaison convexe de deux points y_{α_j} et $y_{\alpha_{j+1}}$ avec le même coefficient β que précédemment :

$$y_\alpha = (1 - \beta)y_{\alpha_j} + \beta y_{\alpha_{j+1}} \tag{3.25}$$

Ceci peut être prouvé en réécrivant l'équation 3.24 d'une part et en utilisant l'équation 3.23 d'autre part :

$$y_\alpha \in \begin{cases} \gamma_i^T(x - [(1 - \beta)x_{\alpha_j} + \beta x_{\alpha_{j+1}}]) = 0 \\ \\ q_{i+1}^T(x - [(1 - \beta)x_{e_{\alpha_j}} + \beta x_{e_{\alpha_{j+1}}}]) = 0 \end{cases}$$

Donc y_α vérifie :

$$\begin{cases} \gamma_i^T(y_\alpha - [(1 - \beta)x_{\alpha_j} + \beta x_{\alpha_{j+1}}]) = 0 \\ \\ q_{i+1}^T(y_\alpha - [(1 - \beta)x_{e_{\alpha_j}} + \beta x_{e_{\alpha_{j+1}}}]) = 0 \end{cases} \tag{3.26}$$

D'autre part, les points y_{α_j} et $y_{\alpha_{j+1}}$ vérifient :

$$\begin{cases} \gamma_i^T(y_{\alpha_j} - x_{\alpha_j}) = 0 \\ \\ q_{i+1}^T(y_{\alpha_j} - x_{e_{\alpha_j}}) = 0 \end{cases}$$

$$\begin{cases} \gamma_i^T(y_{\alpha_{j+1}} - x_{\alpha_{j+1}}) = 0 \\ \\ q_{i+1}^T(y_{\alpha_{j+1}} - x_{e_{\alpha_{j+1}}}) = 0 \end{cases} \tag{3.27}$$

A partir de l'équation 3.26 et l'équation 3.27, il est aisé de déduire le résultat suivant :

$$\begin{cases} \gamma_i^T(y_\alpha - [(1 - \beta)y_{\alpha_j} + \beta y_{\alpha_{j+1}}]) = 0 \\ \\ q_{i+1}^T(y_\alpha - [(1 - \beta)y_{\alpha_j} + \beta y_{\alpha_{j+1}}]) = 0 \end{cases}$$

Alors, si les vecteurs γ_i et q_{i+1} sont indépendants on peut conclure à la preuve de l'équation 3.25.

De la même manière, il est aussi possible de montrer que les autres points de sortie sont alignés :

$$z_\alpha = (1 - \beta)z_{\alpha_j} + \beta z_{\alpha_{j+1}} \qquad (3.28)$$

Remarque 3.4 *Si les vecteurs γ_i et q_{i+1} ne sont pas indépendants, les points y_r peuvent ne pas être définis. Ce cas de figure n'est pas une limitation puisque le sommet de l'espace atteignable est alors un point à l'infini (comme illustré sur la figure 3.10). Ainsi, ce cas peut être considéré comme un cas particulier de l'équation 3.25.*

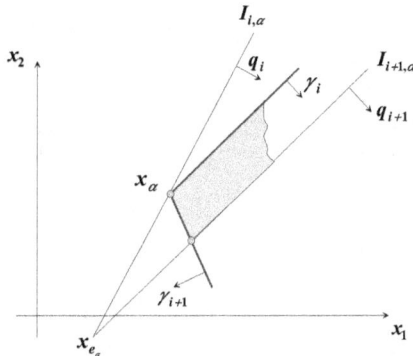

FIG. 3.10 – Cas d'un espace atteignable non borné

Par ce raisonnement, nous avons prouvé que les sommets de l'espace accessible dans le secteur $S_{i,\alpha}$ peuvent être écrits comme une combinaison convexe des sommets correspondants de l'espace accessible dans les secteurs S_{i,α_j} et $S_{i,\alpha_{j+1}}$. Ainsi, on peut directement déduire la propriété 3.2.

Propriété 3.2 *Si α_j, α_{j+1} sont tels que les hypothèses de la propriété 3.1 sont vérifiées pour les secteurs $S_{i,\alpha}$, alors la sur-approximation de l'espace atteignable à partir d'un ensemble de points x_α est donnée par la relation suivante :*

$$\bigcup_{\alpha \in [\alpha_j,\, \alpha_{j+1}]} R_{i,\alpha}(x_\alpha) = convexhull(R_{i,\alpha_j}(x_{\alpha_j}),\ R_{i,\alpha_{j+1}}(x_{\alpha_{j+1}})) \qquad (3.29)$$

Preuve: elle est immédiate, à partir de la propriété 3.1.

La propriété 3.2 exprime en d'autres termes que le couple $(\alpha_j,\ \alpha_{j+1})$ vérifiera la condition que nous recherchons et qui permet d'utiliser l'équation 3.21 si les points d'entrée dans les secteurs $S_{i,\alpha}$, $\alpha \in [\alpha_j,\ \alpha_{j+1}]$, sont alignés. Néanmoins, il est nécessaire de déterminer les conditions telles que cette propriété d'alignement soit vérifiée. Une telle condition est que le point initial x_{init} appartienne aux secteurs de même indice i pour les deux valeurs α_j et α_{j+1}. La preuve de ce résultat est donnée par la propriété 3.3.

Propriété 3.3 *Si α_j et α_{j+1} sont tels que $x_{init} \in S_{i,\alpha_j} \cap S_{i,\alpha_{j+1}}$ alors :*

1. *pour tout $\alpha \in [\alpha_j, \ \alpha_{j+1}]$ $x_{init} \in S_{i,\alpha}$,*

2. *pour tout $\alpha \in [\alpha_j, \ \alpha_{j+1}]$ les sommets (ou les extrémités) des segments résultant de l'intersection de l'ensemble $R_{i,\alpha}(x_{init})$ avec $I_{i+1,\alpha}$ sont alignés.*

Preuve: La preuve de la première partie de cette propriété est immédiate. En effet, le fait d'écrire $\alpha = (1 - \beta)\alpha_j + \beta\alpha_{j+1}$ permet de déduire les résultats suivants :

$$q_i^T(x_{init} - x_{e_\alpha}) \quad = \quad (1-\beta)q_i^T(x_{init} - x_{e_{\alpha_j}}) + \beta q_i^T(x_{init} - x_{e_{\alpha_{j+1}}}) \quad \geq 0$$

et

$$q_{i+1}^T(x_{init} - x_{e_\alpha}) \quad = \quad (1-\beta)q_{i+1}^T(x_{init} - x_{e_{\alpha_j}}) + \beta q_{i+1}^T(x_{init} - x_{e_{\alpha_{j+1}}}) \quad \leq 0$$

ce qui prouve que $x_{init} \in S_{i,\alpha}$ d'après la définition de ce secteur donnée auparavant. D'autre part, la deuxième partie de cette propriété, illustrée par la figure 3.11, est prouvée en considérant simplement que les sommets de sortie sont le résultat de l'intersection de la droite définie par la contrainte $\gamma_i^T(x - x_{init}) = 0$ (ou la contrainte $\gamma_{i+1}^T(x - x_{init}) = 0$)[4] avec la frontière $I_{i+1,\alpha}$.

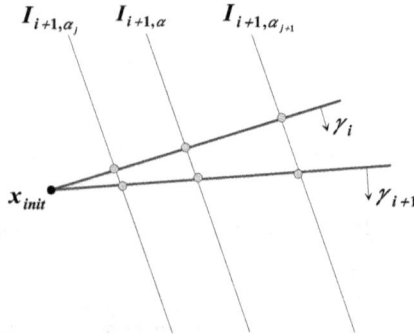

FIG. 3.11 – Initialisation

En conséquence, si α_j et α_{j+1} sont tels que les hypothèses de la propriété 3.3 sont vérifiées, les points d'entrée dans les secteurs successeurs $S_{i+1,\alpha}$ (les points de sortie dans les secteurs $S_{i,\alpha}$) sont aussi alignés.

∎

Nous venons de montrer ci-dessus que le fait de considérer le point initial x_{init} dans les secteurs de même indice relativement aux deux valeurs particulières α_j et α_{j+1} garantit les hypothèses de la propriété 3.1 pour les secteurs successeurs. En utilisant la propriété 3.2, on peut alors itérer le calcul de la sur-approximation de l'espace atteignable dans les secteurs successeurs. Les hypothèses de la propriété 3.3 garantissent alors que le couple $(\alpha_j, \alpha_{j+1}))$ vérifiera l'equation 3.21.

---

[4] Cette contrainte ne dépend pas de α

3.3.1.2 Choix de valeurs pertinentes du paramètre α

Les hypothèses de la propriété 3.3 consistent à considérer que le point initial x_{init} appartient aux secteurs de même indice pour deux valeurs particulières consécutives du paramètre α : α_j et α_{j+1}. Toutefois, il possible que cette hypothèse ne soit pas respectée pour d'autres valeurs du paramètre α. Afin d'illustrer ce cas de figure, supposons, par exemple, que pour une autre valeur particulière α_{j-1} le point initial x_{init} appartienne au secteur défini par le couple de vecteurs (q_{i-1}, q_i) : $S_{i-1,\alpha_{j-1}}$ (voir figure 3.12) :

$$x_{init} \in S_{i-1,\alpha_{j-1}}$$
$$x_{init} \in S_{i,\alpha_j}$$
$$x_{init} \in S_{i,\alpha_{j+1}}$$

Pour α_{j-1} et α_j, le point initial n'appartient pas aux secteurs de même indice. Les hypothèses de la propriété 3.3 ne sont pas alors assurées pour ces deux valeurs. Comme on peut le voir sur la figure 3.12, les points d'entrée dans les secteurs d'indice $i+1$ ($y_{\alpha_{j-1}}$, $y_{\hat{\alpha}}$ et y_{α_j} par exemple) ne sont pas alignés. Pour se ramener aux hypothèses de la propriété 3.3 et ainsi s'affranchir de

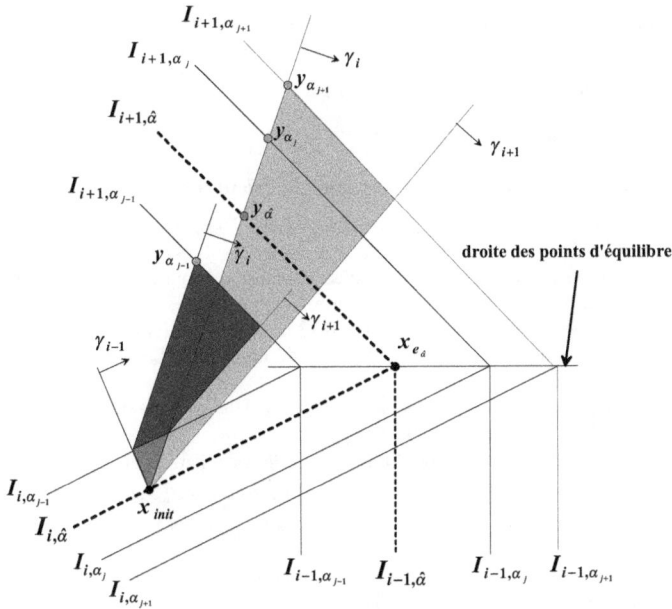

FIG. 3.12 – Choix de la valeur particulière $\hat{\alpha}$

ce problème, nous considérons une nouvelle valeur particulière $\hat{\alpha} \in [0, 1]$ vérifiant :

$$* \quad \forall \alpha \in [\alpha_{j-1}, \hat{\alpha}] \quad x_{init} \in S_{i,\alpha}.$$

$$* \quad \forall \alpha \in [\hat{\alpha}, \alpha_{j+1}] \quad x_{init} \in S_{i+1,\alpha}.$$

Cette valeur est définie comme la valeur pour laquelle le point x_{init} appartient à la frontière $I_{i,\hat{\alpha}}$ (voir figure 3.12). Compte tenu de cette nouvelle valeur, les couples $(\alpha_{j-1}, \hat{\alpha})$ et $(\hat{\alpha}, \alpha_{j+1})$ vérifieront les propriétés 3.1 et 3.2 et on pourra utiliser l'équation 3.21.

L'identification de la valeur particulière $\hat{\alpha}$ nous donne un moyen d'initialiser le choix de l'ensemble (fini) de valeurs pertinentes du paramètre α.

Notons $V_{\alpha,init}$ l'ensemble de ces valeurs particulières du paramètre α. Initialement cet ensemble contient les deux valeurs extrêmes du paramètre α :

$$V_{\alpha,init} = \{0, 1\}.$$

Dans le but de garantir les hypothèses de la propriété 3.3, nous introduisons dans l'ensemble $V_{\alpha,init}$ toute valeur $\alpha \in]0, 1[$ pour laquelle le point x_{init} appartient à la frontière $I_{i,\alpha}$.

Remarque 3.5 *Le point d'équilibre x_{e_α}, associé à chaque valeur particulière α introduite dans $V_{\alpha,init}$, appartient au segment défini par les points d'équilibre extrêmes x_{e_0} et x_{e_1}.*

Formellement, l'ensemble $V_{\alpha,init}$ est donc défini par :

$$V_{\alpha,init} := \{0, 1\} \cup \{\alpha \mid 0 < \alpha < 1, \ \exists \, q_i \ q_i^T (x_{init} - x_{e_\alpha}) = 0\}$$

3.3.1.3   Prise en compte de l'invariant dans le calcul d'atteignabilité

La prise en compte du domaine invariant Inv dans le calcul itératif de l'espace atteignable global peut conduire à perdre les propriétés d'alignement des points. Il est possible en effet que, durant une itération, la propriété 3.2 ne soit pas vérifiée, même si la propriété d'alignement des points d'entrée l'était, à cause de l'intersection avec l'invariant que nous n'avons pas considérée jusqu'à présent. C'est par exemple le cas sur la figure 3.13 où pour certaines valeurs de α la zone de sortie a une intersection non vide avec la frontière de l'invariant. Les points de sortie effectifs peuvent alors ne plus être alignés.

Le calcul de $R_{i+1,[\alpha_j, \alpha_{j+1}]}(P_{init})$, l'espace atteignable dans les secteurs successeurs $S_{i+1,\alpha}$, en utilisant la propriété 3.2, devient alors incorrecte.

Pour résoudre ce problème nous introduisons la nouvelle valeur $\overset{\star}{\alpha} \in]\alpha_j, \alpha_{j+1}[$ vérifiant :

- pour tout $\alpha \in [\alpha_j, \overset{\star}{\alpha}]$, les points de sortie dans les secteurs $S_{i,\alpha}$ sont alignés,
- pour tout $\alpha \in [\overset{\star}{\alpha}, \alpha_{j+1}]$, les points de sortie dans les secteurs $S_{i,\alpha}$ sont alignés.

Notons :

- $ZS_{i,\alpha}$ l'ensemble résultant de l'intersection de l'espace accessible [5] dans le secteur $S_{i,\alpha}$ avec sa facette de sortie (voir figure 3.13).
- Out_j la région de sortie dans tous les secteurs $S_{i,\alpha}$, avec $\alpha \in [\alpha_j, \alpha_{j+1}]$:

$$Out_j := convexhull(ZS_{i,\alpha_j}, ZS_{i,\alpha_{j+1}}),$$

- Int_j l'intersection du domaine invariant avec la région Out_j :

$$Int_j := Out_j \cap Inv.$$

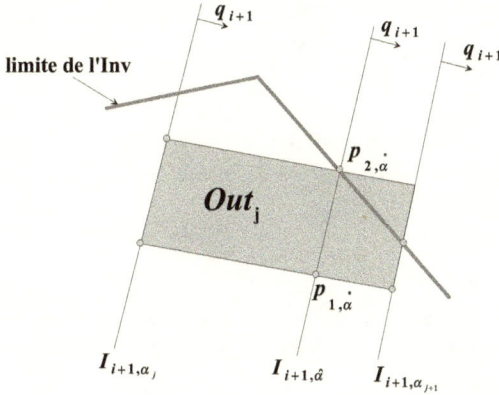

FIG. 3.13 – Intersection du domaine de sortie avec la région Inv

Le cas de figure qui nous conduit à introduire des nouvelles valeurs de α est alors celui où $Int_j \neq Out_j$. Les nouvelles valeurs de $\overset{*}{\alpha}$ sont alors celles pour lesquelles la droite $I_{i+1,\overset{*}{\alpha}}$ passe par un sommet du domaine Int_j. On se ramène alors aux hypothèses permettant d'itérer le calcul en utilisant la propriété 3.2.

3.3.2 Algorithme d'atteignabilité

Cet algorithme vise à calculer une sur-approximation de l'espace atteignable à partir d'un point initial $x_{init} \in P_{init}$ et ceci pour toutes les valeurs $\alpha \in [0,1]$. Il est basé sur les propriétés 3.2 et 3.3 de la section précédente. Ces propriétés permettent de surmonter la difficulté posée par la variation continue du paramètre α dans le calcul de l'ensemble atteignable global. Ainsi, le calcul de cet espace peut être élaboré en se basant sur un nombre fini de valeurs pertinentes de ce paramètre. Une vue d'ensemble de la procédure globale de l'analyse d'atteignabilité est donnée par l'algorithme 3.3.1 dans le cas où le domaine initial est réduit à un point. Le détail de chacune de ses étapes sera exposé par la suite.

---

[5]Sans prendre en compte l'invariant.

Algorithme 3.3.1 (Analyse d'atteignabilité globale)

- **_Données_ :**   - La loi dynamique avec incertitudes : A, b_0, b_1.

    - Le point initial : x_{init}.

    - Le domaine invariant : Inv.

- **_Résultats_ :**   - L'espace atteignable global à partir du point x_{init} : $Att(x_{init})$.

Phase d'initialisation

1. Partition de l'espace d'état.

2. Calcul de l'ensemble initial des valeurs pertinentes du paramètre α, identification des secteurs actifs et calcul des points d'entrée dans chacun d'eux.

Phase itérative

répéter

3. Calcul de l'espace atteignable dans chaque secteur actif (pour chaque valeur pertinente du paramètre α).

4. Calcul de l'espace atteignable global dans tous les secteurs actifs.

5. Calcul de l'ensemble des valeurs pertinentes du paramètre α, identification des secteurs actifs et calcul des points d'entrée dans chacun d'eux.

jusqu'à test d'arrêt valide

3.3.3   Phase d'initialisation

Dans la première étape de cette phase, l'objectif est de calculer, d'une part la famille de vecteurs $\{q_i\}$ (resp. $\{\gamma_i\}$) décrivant les secteurs de la partition de l'espace d'état (resp. décrivant les dérivées associées aux secteurs), et d'autre part les points d'équilibre associés aux valeurs extrêmes du paramètre d'incertitudes b_α. Une synthèse de cette étape est donnée par l'algorithme 3.3.2 (voir [75, 56] pour une présentation détaillée sur le calcul de vecteurs (q_i, γ_i)). Nous rappelons encore une fois que la famille de vecteur $\{q_i\}$ est ordonnée de telle manière que toute trajectoire continue entre par la frontière spécifiée par le vecteur q_i et ressort par la frontière spécifiée par le vecteur q_{i+1}.

Algorithme 3.3.2 (Partition de l'espace d'état)

- **_Données_** :   - *La loi dynamique avec incertitudes : A, b_0, b_1.*
- **_Résultats_** :   - *Description des secteurs (vecteurs $\perp$) : $\{q_i\}$.*

  - *Description des dérivées associées aux secteurs (vecteurs $\perp$) : $\{\gamma_i\}$.*

  - *Les points d'équilibres associés aux vecteurs b_0 et b_1 :*

$$x_{e_0} = -A^{-1}b_0, \quad x_{e_1} = -A^{-1}b_1$$

La deuxième étape de la phase d'initialisation de l'algorithme du calcul d'atteignabilité global 3.3.1 est basée sur la propriété 3.3. Elle consiste à calculer tout d'abord l'ensemble ordonné des valeurs particulières du paramètre α :

$$V_{\alpha,init} := \{0,1\} \cup \{\alpha \mid 0 < \alpha < 1, \ \exists \, q_i \ q_i^T (x_{init} - x_{e_\alpha}) = 0\}$$

Pour chaque couple (α_j, α_{j+1}) de valeurs consécutives dans cet ensemble, on connaît le couple (q_{i_0}, q_{i_0+1}) caractérisant le secteur initial auquel appartient le point initial.

Notons V_α l'ensemble fini de valeurs particulières du paramètre α dont les éléments définissent à chaque itération les couples (α_j, α_{j+1}) considérés. Cet ensemble est initialisé à $V_\alpha = \{\alpha_k, \alpha_{k+1}\}$ où le couple (α_k, α_{k+1}) est celui pour lequel le secteur initial est sans prédécesseur.

Sachant que les secteurs associés à chaque valeur de l'ensemble V_α sont caractérisés par le même couple de vecteurs (q_i, q_{i+1}), il est alors possible de procéder au calcul d'atteignabilité dans ces secteurs (nommés aussi "actifs"). D'autre part, dans chacun de ces secteurs, la région (appelé aussi zone d'entrée) à partir de laquelle on calcule l'espace atteignable est définie seulement par le point initial x_{init}.

Notons :
- *Couple* le couple (q_i, q_{i+1}) caractérisant les secteurs correspondant aux éléments de V_α ;
- $ZE_{i,\alpha}$ la région, appelée encore zone d'entrée, à partir de laquelle on calcule l'espace atteignable dans le secteur $S_{i,\alpha}$, avec $\alpha \in V_\alpha$;
- $ZE = \{ZE_{i,\alpha} \mid \alpha \in V_\alpha\}$.

une synthèse de cette étape est exprimée par l'algorithme 3.3.3.

Algorithme 3.3.3 (Initialisation de la phase itérative)

- **_Données :_**   - Les points d'équilibres : (x_{e_0}, x_{e_1}).

                     - La famille de vecteurs définissant les secteurs : $\{q_i\}$.

- **_Résultats :_**   - L'ensemble de valeurs particulières initiales du paramètre α : $V_{\alpha, init}$.

                     - L'ensemble de valeurs particulières du paramètre α à considérer dans la première itération : V_α.

                     - Le couple (q_i, q_{i+1}) caractérisant les secteurs actifs : $Couple$.

                     - L'ensemble des zones d'entrées dans les secteurs actifs : ZE.

Étapes de calcul

1. Calcul de $V_{\alpha, init} := \{0, 1\} \cup \{\alpha \mid 0 < \alpha < 1, \; \exists \, q_i \; q_i^T (x_{init} - x_{e_\alpha}) = 0\}$;

2. Identification de $Couple$:
   - ◇ recherche de l'indice i_0 tel que $\forall \alpha \in V_{\alpha, init}$, $S_{i_0, \alpha}$ est sans prédécesseur ;
   - ◇ $Couple := (q_{i_0}, q_{i_0+1})$;

3. Identification de V_α et ZE :
   $V_\alpha := \emptyset$; $ZE_\alpha := [\,]$;
   pour chaque valeur $\alpha \in V_{\alpha, init}$ **faire**
      | ◇ **si** $x_{init} \in S_{i_0, \alpha}$ **faire**
      | ∗ insérer α dans V_α;
      | ∗ insérer $ZE_{i_0, \alpha} := \{x_{init}\}$ dans ZE ;
      | **fin**
   fin

3.3.4   Phase itérative

La première étape de la phase itérative (l'étape 3 de l'algorithme 3.3.2) consiste à calculer l'espace accessible dans chaque secteur "actif". Autrement dit, pour chaque valeur α de V_α, l'ensemble $\tilde{R}_{i,\alpha}(ZE_{i,\alpha})$ est calculé par l'équation 3.30 :

$$\tilde{R}_{i,\alpha}(ZE_{i,\alpha}) = convexhull(\tilde{R}_{i,\alpha}(p_{1,\alpha}), \tilde{R}_{i,\alpha}(p_{2,\alpha})) \tag{3.30}$$

où

- i désigne l'indice du secteur actif.
- $ZE_{i,\alpha}$ définit la zone d'entrée à partir de laquelle nous calculons l'espace atteignable dans le secteur actif $S_{i,\alpha}$.
- les points $p_{1,\alpha}$ et $p_{2,\alpha}$ définissent les extrémités de la zone d'entrée $ZE_{i,\alpha}$.

Ces résultats seront alors utilisés dans l'étape suivante (l'étape 4 de l'algorithme 3.3.1) afin de mettre à jour l'espace atteignable global. Pour ce faire, nous procédons de la manière suivante. En utilisant la propriété 3.2, nous calculons tout d'abord, pour chaque couple de valeurs consécutives (α_j, α_{j+1}) de l'ensemble V_α, l'espace atteignable dans les secteurs $S_{i,\alpha}$, avec $\alpha \in [\alpha_j, \alpha_{j+1}]$:

$$
\begin{aligned}
R_{i,[\alpha_j,\alpha_{j+1}]}(ZE_{i,\alpha_j}) &= \bigcup_{\alpha \in [\alpha_j,\alpha_{j+1}]} R_{i,\alpha}(ZE_{i,\alpha}) \\
&= convexhull(\tilde{R}_{i,\alpha_j}(ZE_{i,\alpha_j}),\ \tilde{R}_{i,\alpha_{j+1}}(ZE_{i,\alpha_{j+1}})) \cap Inv
\end{aligned}
$$

Ce résultat est alors ajouté [6] à l'espace atteignable global pour le mettre à jour.

Après cette étape, nous devons réinitialiser les différentes variables pour l'itération suivante. L'objectif de cette étape 5 de l'algorithme 3.3.1 est de mettre à jour, d'un coté les valeurs particulières du paramètre α à considérer dans l'itération suivante : V_α, et d'un autre coté le secteur actif ainsi que la zone d'entrée correspondante associé à chaque valeur de l'ensemble V_α. Une synthèse de cette étape est exprimée par l'algorithme 3.3.4.

---

[6]On parle ici d'union de deux domaines.

Algorithme 3.3.4 (Préparation pour l'itération suivante)

- **_Données_ :**   - Le vecteur q_{i+1}, le domaine Inv ;

                        - l'ensemble $V_{\alpha,init}$, l'ensemble V_α, les ensembles $\tilde{R}_{i,\alpha_j}$, avec $\alpha_j \in V_\alpha$.

- **_Résultats_ :**   - L'ensemble V_α ;

                        - Le couple (q_i, q_{i+1}) caractérisant les secteurs actifs : $Couple$;

                        - Les zone d'entrées associées aux secteurs actifs : ZE.

<u>Étapes de calcul</u>

1. Calcul de l'ensemble des points de sortie pour chaque $\alpha \in V_\alpha$:
$$\mathrm{ZS}_{i,\alpha} = \tilde{R}_{i,\alpha}(ZE_{i,\alpha}) \cap I_{i+1,\alpha}$$

2. Calcul des ensembles Out_j :
   pour chaque paire (α_j, α_{j+1}) d'éléments consécutifs de V_α **faire**
   | $\mathrm{Out_j} = convexhull(\mathrm{ZS}_{i,\alpha_j}, \mathrm{ZS}_{i,\alpha_{j+1}})$;
   fin

3. Calcul des ensembles Int_j et remise à jour de V_α :
   pour chaque ensemble $\mathrm{Out_j}$ **faire**
     ◇ calculer l'ensemble $\mathrm{Int_j} := Out_j \cap Inv$;
     ◇ **si** $\mathrm{Int_j} = \mathrm{Out_j}$ **alors**
       | rien;
     sinon si $\mathrm{Int_j} = \emptyset$ **alors**
       | supprimer la valeur α_j de l'ensemble V_α;
     sinon
       ◇ calculer les valeurs $\overset{\star}{\alpha}$ vérifiant :
           $\exists$ un sommet s du domaine $\mathrm{Int_j}$ tel que $s \in I_{i+1,\overset{\star}{\alpha}}$;
       ◇ insérer les valeurs $\overset{\star}{\alpha}$ dans l'ensemble V_α;
     fin
   fin

4. Définition des secteurs actifs et vérification des conditions de franchissement :
     ◇ le couple (q_{i+1}, q_{i+2}) définit les secteurs actifs;
     ◇ **si** q_{i+1} un vecteur propre **alors**
       | $V_\alpha = \emptyset$;
     fin

5. Calcul de la zone d'entrée dans chaque secteur actif :
   pour chaque valeur $\alpha \in V_\alpha$ **faire**
     ◇ calculer l'ensemble $ZE_{i+1,\alpha} = \tilde{R}_{i,\alpha}(ZE_{i,\alpha}) \cap I_{i+1,\alpha} \cap Inv$;
     ◇ **si** $ZE_{i+1,\alpha} = \emptyset$ **alors**
       ◇ supprimer la valeur α de V_α;
       ◇ supprimer la région $ZE_{i+1,\alpha}$ de ZE;
     fin
   fin

6. Insertion de valeurs particulières $V_{\alpha,init}$ dans l'ensemble V_α et mise à jour des zones d'entrée :

> **pour** $\alpha \in V_{\alpha,init}$ **faire**
> > **si** $x_{init} \in S_{i+1,\alpha}$ **alors**
> > > $\diamond$ insérer la valeur α dans l'ensemble V_α;
> > >
> > > $\diamond$ insérer la zone d'entrée $ZE_{i+1,\alpha} = x_{init}$ dans ZE;
> >
> > **fin**
>
> **fin**

7. Amélioration de la convergence de l'algorithme :

> **si** $Card(V_\alpha) \geq 3$ **alors**
> > **pour** chaque triplet $(\alpha_j, \alpha_{j+1}, \alpha_{j+2})$ dans V_α **faire**
> > > **si** les sommets de ZE_{i+1,α_j}, $ZE_{i+1,\alpha_{j+1}}$ et $ZE_{i+1,\alpha_{j+2}}$ sont alignés **alors**
> > > > $\diamond$ supprimer la valeur α_{j+1} de V_α;
> > > >
> > > > $\diamond$ supprimer la région $ZE_{i+1,\alpha_{j+1}}$ de ZE;
> > >
> > > **fin**
> >
> > **fin**
>
> **fin**

L'étape 3 de cette algorithme 3.3.4 est centrale dans cette approche puisqu'elle assure qu'à chaque itération les couples (α_j, α_{j+1}) d'éléments consécutifs de V_α vérifient les hypothèses de la propriété 3.2. En d'autres termes, nous proposons dans cette étape une solution au problème causé par la prise en compte du domaine invariant dans la procédure de l'analyse d'atteignabilité.

L'étape 7 permet de supprimer les valeurs inutiles de V_α.

Le test d'arrêt de la phase itérative de la procédure globale du calcul d'atteignabilité est valide lorsque l'ensemble V_α est vide ou après un nombre fini d'itérations fixé a priori.

3.3.5 Exemple illustratif

Pour illustrer l'approche proposée, on considère dans cet exemple un système de dynamique incertaine :

$$x'(t) = Ax(t) + b_\alpha$$

avec

- $A = \begin{pmatrix} 0 & 1 \\ -4 & -5 \end{pmatrix}$.
- $b_\alpha = (1 - \alpha)b_0 + \alpha b_1$ où $\alpha \in [0, 1]$.
- $b_0 = \begin{pmatrix} 0 \\ 4 \end{pmatrix}$.
- $b_1 = \begin{pmatrix} -1 \\ 19 \end{pmatrix}$.

Le domaine invariant Inv est défini par les contraintes suivantes :

$$Inv : \begin{pmatrix} 1 & 0 \\ -1 & 0 \\ 0 & 1 \\ 0 & -1 \\ 3 & -2 \end{pmatrix} x \leq \begin{pmatrix} 10 \\ 10 \\ 10 \\ 1 \\ 15 \end{pmatrix},$$

et la région initial est le point $x_{int} = \begin{pmatrix} 4 \\ 5 \end{pmatrix}$.

La matrice A admet deux valeurs propres réelles associées aux vecteur propres :

$$w_1 = \begin{pmatrix} 1 \\ 1 \end{pmatrix} \quad \text{et} \quad w_2 = \begin{pmatrix} 4 \\ 1 \end{pmatrix}.$$

La partition de l'espace d'état est réalisée à partir d'un découpage en 15 secteurs et basée sur une combinaison convexe des vecteurs propres w_1 et w_2 : $\{(q_i, \gamma_i) \mid i = 1, ..., 16\}$.

L'exécution de la deuxième étape (phase d'initialisation) de l'algorithme 3.3.1 a donné les résultats suivants :

– $V_{\alpha,init} = \{0,\ 0.25,\ 0.907,\ 1\}$.

– $Couple = (q_4, q_5)$.

– $V_\alpha = \{0.907,\ 1\}$.

Les deux premières itérations du calcul d'atteignabilité sont représentées sur la figure 3.14.

L'illustration de la première itération est donnée par la figure 3.14(a). Il n'y a que deux valeurs du paramètre α à considérer dans cette itération : $V_\alpha = \{0.907,\ 1\}$. Pour $\alpha = 0.907$, le point x_{init} appartient à la frontière de sortie du secteur $S_{4,0.907}$. En conséquence, l'espace atteignable dans ce secteur à partir du point initial x_{init} est seulement ce point.

Quant à la seconde itération (le calcul d'atteignabilité est effectué dans les secteurs définis par le couple de vecteur (q_5, q_6)) il y a trois valeurs du paramètre α à considérer : $V_\alpha = \{0.25,\ 0.907,\ 1\}$. Pour $\alpha = 0.25$, le point initial x_{init} est aussi sur la frontière de sortie du secteur actif associé à cette valeur, $S_{5,0.25}$. Ainsi, l'espace atteignable à partir de x_{init} dans ce secteur est donné par ce point.

La figure 3.14(b) illustre l'estimation de l'espace atteignable global dans les secteurs actifs associés aux valeurs extrêmes 0.907 e 1. Finalement l'espace atteignable pour toutes les valeurs de $\alpha \in [0.25, 1]$:

$$Att(x_{init}) = R_{4,[0.97,1]}(x_{init}) \cup R_{5,[0.25,0.97]}(x_{init}) \cup R_{5,[0.97,1]}(x_{init})$$

est illustré sur la figure 3.14(c).

Sur la figure 3.15, nous avons présenté le résultat du calcul global de l'espace atteignable.

Dans cet exemple, le test d'arrêt est valide au bout de 13 itérations. D'autre part, l'espace atteignable est partiellement délimité par une droite définie par l'ensemble des points d'équilibre du système et les frontières de l'invariant.

Par ailleurs, nous avons récapitulé dans le tableau 3.1 l'ensemble des valeurs du paramètre α considérés dans chaque itération de la procédure du calcul : V_α.

Ce tableau reflète l'existence de quatre phases différentes dans la mise à jour de l'ensemble V_α :

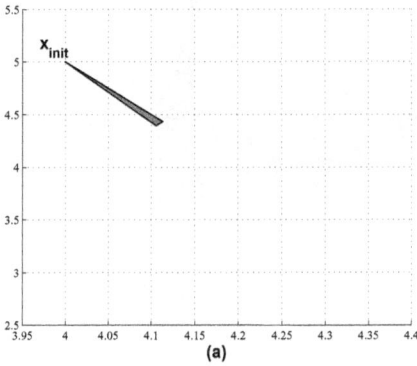

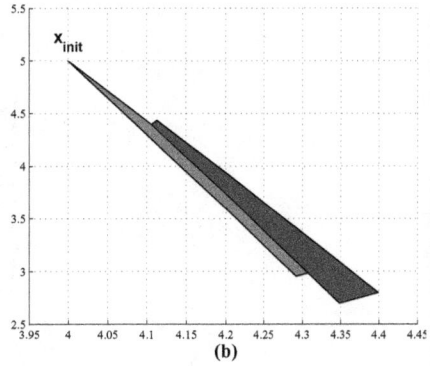

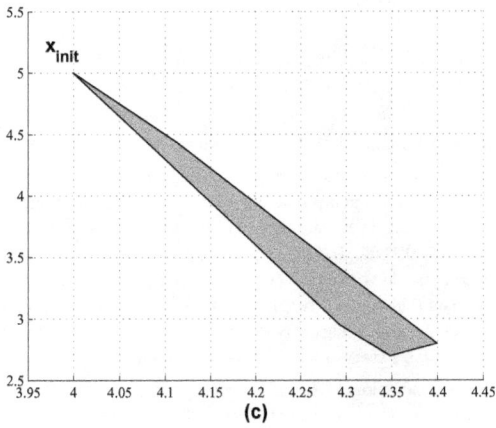

FIG. 3.14 – Les premières itérations du calcul d'atteignabilité

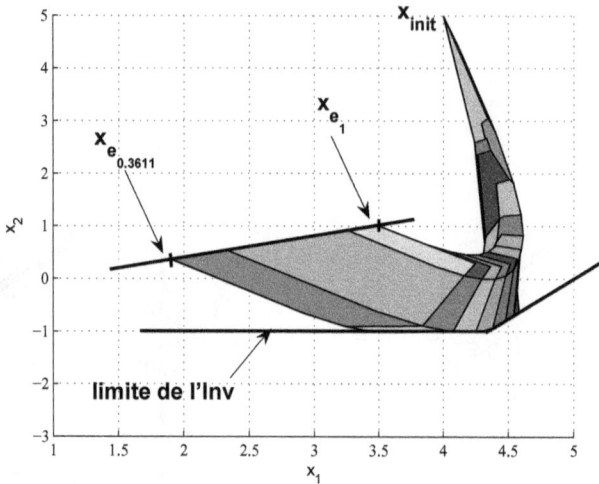

FIG. 3.15 – Espace atteignable global

1. la première phase (itération 1, 2,3) a pour résultat d'insérer après chaque itération une nouvelle valeur du paramètre α dans l'ensemble V_α. La valeur insérée correspond à la valeur de l'ensemble $V_{\alpha,init}$ pour laquelle le point x_{init} appartient au secteur suivant.

2. La deuxième phase (itération 4, 5, 6) ne provoque aucun changement de l'ensemble V_α.

3. Dans la troisième phase (itération 7,8,9,10), l'espace atteignable croise les frontières du domaine invariant Inv. Par exemple, le calcul de l'ensemble V_α pour l'itération 7 demande, d'une part la suppression de la valeur $\alpha = 0$, et d'autre part l'insertion de trois nouvelles valeurs : $\alpha = 0.1275$, 0.1667, 0.3653 qui correspondent aux sommets de l'intersection de l'invariant avec la zone de sortie de l'étape 6 (voir figure 3.16).

   D'autre part, l'ensemble V_α est remis à jour à chaque itération parce qu'il existe des $(\alpha_j, \alpha_{j+1}, \alpha_{j+2})$ de valeurs consécutives dans V_α pour lesquels les points d'entrées sont alignés conformément à l'étape 7 de l'algorithme 3.3.4.

4. La quatrième phase (itération 11,12, 13) ne comporte aucun changement de l'ensemble V_α dû à la région invariante Inv. Les variations constatées sont liées à l'étape 7 de l'algorithme 3.3.4.

3.4 Prise en compte des incertitudes bornées et variables

Dans la section 3.3, nous avons proposé une approche permettant l'analyse d'atteignabilité sur un système dont la dynamique continue est incertaine mais dont le paramètre d'incertitude (le vecteur u de l'équation 3.31) est considéré fixe dans le temps. Selon cette hypothèse, pour une

itération 1	0.9077	1				
itération 2	0.2500	0.9077	1			
itération 3	0	0.2500	0.9077	1		
itération 4	0	0.2500	0.9077	1		
itération 5	0	0.2500	0.9077	1		
itération 6	0	0.2500	0.9077	1		
itération 7	0.1275	0.1667	0.2500	0.3653	0.9077	1
itération 8	0.2971	0.3725	0.4987	0.9077	1	
itération 9	0.3611	0.4848	0.5231	0.9077	1	
itération 10	0.3611	0.5329	0.9077	1		
itération 11	0.3611	0.5329	0.9077	1		
itération 12	0.3611	0.5329	0.9077	1		
itération 13	0.3611	0.5329	1			

TAB. 3.1 – L'ensemble des valeurs particulières de α à considérer à chaque itération.

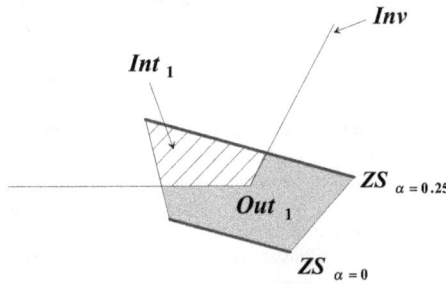

FIG. 3.16 – Détails de la première intersection avec les frontières du domaine Inv

trajectoire le paramètre d'incertitude u est fixé ce qui permet de considérer l'abstraction associée à cette valeur, puis de prendre en compte toutes les valeurs de l'incertitude. Elargissons maintenant ce cas de figure en considérant que l'incertitude est variable dans le temps. Dans ce cas, en chaque point d'une trajectoire, le paramètre d'incertitude peut prendre n'importe quelle valeur et l'algorithme précédent ne peut plus s'appliquer. Ainsi, nous souhaitons dans cette section mettre en place une nouvelle approche permettant le calcul d'une sur-approximation de l'espace atteignable, noté $Att(P_{init})$, du système défini par l'équation 3.31, pour un ensemble polytopique de conditions initiales P_{init}. Pour aboutir à ce résultat, nous allons étendre l'approche de base proposée pour les systèmes affines sans incertitudes exposée dans la section 3.2.

$$x'(t) = Ax(t) + b + u(t) \tag{3.31}$$

où A une matrice $n \times n$ à coefficients constants, b un vecteur constant de $\mathbb{R}^n$ et $x(t) \in \mathbb{R}^n$. Par ailleurs, le vecteur $u(t)$ (variant dans le temps) est à valeurs dans un polytope U de $\mathbb{R}^n$.

3.4.1   Principes de base

Dans le but de faciliter au lecteur la compréhension des différentes phases de la construction de cette approche, nous considérons que le système est de dimension deux et que le domaine d'incertitudes est un segment $U = [u_0, u_1]$. Afin d'exploiter les prérequis de l'approche de base, nous allons réécrire la dynamique du système sous la forme suivante :

$$x' = Ax + b_\alpha \tag{3.32}$$

avec $b_\alpha = (1 - \alpha)b_0 + \alpha b_1$, $0 \leq \alpha \leq 1$ et $b_0 = b + u_0$ et $b_1 = b + u_1$ sont deux vecteurs connus. Nous rappelons que le vecteur b_α est incertain et aussi variant dans le temps.

Dans ces conditions, la variation du vecteur b_α est encore caractérisée par l'équation 3.18 :

$$b_\alpha = (1 - \alpha)b_0 + \alpha b_1 \tag{3.33}$$

avec α une valeur non fixe dans l'intervalle $[0, 1]$.

Comme mentionné précédemment, la construction de cette approche est basée sur les prérequis présentés dans le cas d'un système autonome. Comme on le verra dans la suite, il est en effet possible, en utilisant les techniques d'abstractions utilisées dans le cas d'une dynamique sans incertitude, de construire une abstraction de la dynamique avec incertitudes sous étude. L'abstraction en question se base sur une partition en *cellules* de la région invariante Inv telles que dans chacune d'elles il est possible d'approcher le champ de vecteurs par une inclusion différentielle.

Pour construire ces cellules, nous procédons de la manière suivante. A partir d'une famille de vecteurs $\{q_i\}$ [7], on construit une partition en secteurs de l'espace d'état pour chaque vecteur extrême de l'incertitude. Dans notre cas, il n'y a que deux partitions à considérer : l'une associée à $b_\alpha = b_0$ et l'autre associée à $b_\alpha = b_1$. On définit alors les cellules $C_{i,j} = S_{i,0} \cap S_{j,1}$ (voir figure 3.17) pour lesquelles, comme on le verra en détails dans la section 3.4.1.2, il est possible de calculer une inclusion différentielle valable pour toutes les valeurs d'incertitudes à partir des inclusions différentielles F_i et F_j associées aux secteurs $S_{i,0}$ et $S_{j,1}$.

$$\begin{aligned}
x'_0 \in F_i = \{z \mid (\gamma_i^T z \geq 0) \,\wedge\, (\gamma_{i+1}^T z \leq 0)\} \\
x'_1 \in F_j = \{z \mid (\gamma_j^T z \geq 0) \,\wedge\, (\gamma_{j+1}^T z \leq 0)\}
\end{aligned} \tag{3.34}$$

L'inclusion différentielle associée à chaque cellule $C_{i,j}$ permet alors de calculer une sur-approximation de l'espace atteignable dans chacune d'elles. D'autre part, l'étude du sens de traversée des frontières délimitant ces cellules permet d'identifier les cellules successeur possibles et par la suite d'itérer le calcul dans chacune d'elles.

La figure 3.17 représente la construction des cellules $C_{i,j}$. Ces cellules seront considérées comme les éléments de base pour élaborer l'abstraction globale.

3.4.1.1   Inclusion différentielle

Afin de caractériser l'abstraction, qui sera utile dans le calcul de l'espace atteignable, il est nécessaire de déterminer l'inclusion différentielle associée à chaque cellule $C_{i,j} = S_{i,0} \cap S_{j,1}$.

---

[7]C'est la famille de vecteurs générée dans le cas d'un système autonome pour décrire les éléments de la partition de l'espace d'état.

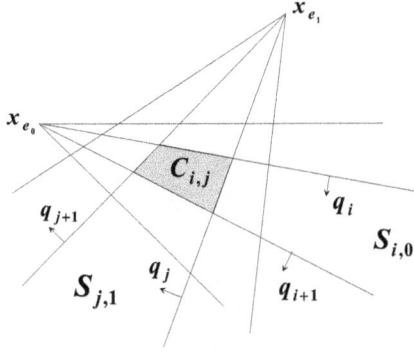

FIG. 3.17 – cellule

Le champ de vecteurs pour toute valeur du paramètre $\alpha \in [0,1]$ peut être caractérisé en fonction des champs de vecteurs associés aux valeurs extrêmes $\alpha = 0$ et $\alpha = 1$:

$$
\begin{aligned}
x'_\alpha &= Ax + b_\alpha \\
&= Ax + (1-\alpha)b_0 + \alpha b_1 \\
&= (1-\alpha)x'_0 + \alpha x'_1
\end{aligned} \tag{3.35}
$$

En utilisant cette équation, on peut déduire la propriété ci-dessous.

Propriété 3.4 *Pour tout point* $x \in C_{i,j} = S_{i,0} \cap S_{j,1}$, *le vecteur dérivée* x'_α *est caractérisé par l'inclusion différentielle suivante 3.36 :*

$$
\forall \alpha \in [0,1] \quad x'_\alpha \in F_{i,j} = \text{convexhull}(F_i, F_j) \tag{3.36}
$$

où F_i *et* F_j *définissent les inclusions différentielles associées aux secteurs* $S_{i,0}$ *et* $S_{j,1}$ *(cf. équation 3.34).*

Preuve: Elle est immédiate à partir de l'équation 3.35.

■

A chaque cellule $C_{i,j}$ on peut alors associer l'inclusion différentielle, caractérisée par $F_{i,j}$, contenant le vecteur dérivée pour toute valeur du paramètre α.

Remarque 3.6 *Il intéressant de mentionner que la nouvelle abstraction de la dynamique n'est pas définie comme la conjonction (ou intersection) des deux abstractions associées respectivement aux vecteurs* b_0 *et* b_1.

3.4.1.2 Espace atteignable

Le calcul de l'espace atteignable à partir d'une région initiale est basé sur la définition des domaines $F_{i,j}$. Il est intéressant d'expliciter toutes les configurations possibles de ces derniers. Il n'y a que deux cas de figure qui pourront être considérés pour mener l'analyse d'atteignabilité dans la cellule $C_{i,j}$.

Premier cas, le domaine $F_{i,j}$ est défini par tout l'espace d'état. Dans ce cas, la cellule $C_{i,j}$ est entièrement atteignable à partir de n'importe lequel de ses points. Ainsi, si on note $R_{i,j}(P_{init})$ l'espace atteignable dans $C_{i,j}$, on a :

$$\exists\, x \in C_{i,j} \cap Att(P_{init}) \;\Rightarrow\; R_{i,j}(P_{init}) = C_{i,j} \cap Inv$$

Deuxième cas, les frontières du domaine $F_{i,j}$ sont définies par deux des quatre frontières des domaines F_i et F_j. Formellement, le domaine $F_{i,j}$ est alors caractérisé par l'équation 3.37 :

$$F_{i,j} = \{x' \mid (\gamma_m^T x' \prec_m 0) \wedge (\gamma_n^T x' \prec_n 0)\} \tag{3.37}$$

où γ_m et γ_n sont deux des quatre vecteurs spécifiant les frontières de F_i et F_j, et $\prec_m$ et $\prec_n$ les inégalités associées.

Il apparaît alors que l'espace atteignable à partir d'un point x_0 de la cellule $C_{i,j}$ est caractérisé par 3.38 (voir figure 3.18) :

$$R_{i,j}(x_0) = \{x \mid (\gamma_m^T(x - x_0) \prec_m 0) \wedge (\gamma_n^T(x - x_0) \prec_n 0)\} \cap C_{i,j} \cap Inv \tag{3.38}$$

Par exemple, sur la figure 3.18, le domaine $F_{i,j} = convexhull(F_i, F_j)$ est spécifié par les deux vecteurs γ_i et γ_{j+1} :
$$F_{i,j} = \{x' \mid (\gamma_i^T x' \geq 0) \wedge (\gamma_{j+1}^T x' \leq 0)\}$$

Si on considère que la cellule est incluse dans l'invariant, l'espace atteignable à partir du point x_0 est l'intersection de l'ensemble des points du cône $\mathcal{C}_{x_0}$ et de la cellule $C_{i,j}$ où $\mathcal{C}_{x_0}$ est défini par :
$$\mathcal{C}_{x_0} = \{x \mid (\gamma_i^T(x - x_0) \geq 0) \wedge (\gamma_{j+1}^T(x - x_0) \leq 0)\}$$

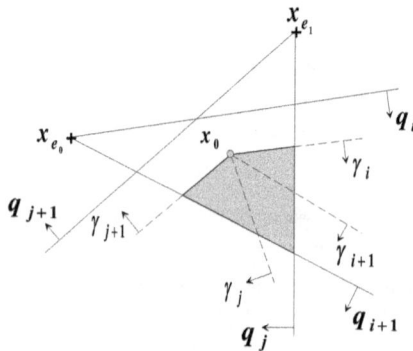

FIG. 3.18 – Espace atteignable à partir d'un point dans une cellule

De manière générale, l'espace atteignable à partir des points d'un polytope P inclus dans la cellule $C_{i,j}$ est l'intersection de l'union convexe des espaces accessibles à partir de chacun des sommets du polytope, de la cellule et de la région invariante Inv :

$$R_{i,j}(P) = convexhull(\mathcal{C}_{x_{s_1}}, \mathcal{C}_{x_{s_2}}, ...) \cap C_{i,j} \cap Inv$$

avec x_{s_j} un sommet de P.

3.4.1.3 Transitions

Le dernier point qui mérite d'être développé pour compléter la procédure d'abstraction concerne les conditions de transition. Autrement dit, nous devons connaître les conditions à vérifier pour identifer les nouvelles cellules à considérer dans l'itération suivante de la procédure de l'analyse d'atteignabilité. Au vu de la définition de la cellule $C_{i,j}$ qui est supposée active, le changement de cette cellule aura lieu dès que l'une de ses frontières est atteinte par l'espace atteignable. Ces frontières sont des droites isoclines caractérisées par l'une des quatre équations suivantes 3.39 :

$$\begin{aligned}
I_{i,0} &= \{x \mid q_i^T x = k_{i,0}\} \\
I_{i+1,0} &= \{x \mid q_{i+1}^T x = k_{i+1,0}\} \\
I_{j,1} &= \{x \mid q_j^T x = k_{j,1}\} \\
I_{j+1,1} &= \{x \mid q_{j+1}^T x = k_{j+1,1}\}
\end{aligned} \tag{3.39}$$

Une propriété [8] de la partition de base (cas d'un système autonome) est que les droites isoclines non séparatrices sont traversées dans un sens unique :

$$x \in I_{i,0} = \{x \mid q_i^T x = k_{i,0}\} \implies q_i^T x_0' \geq 0 \tag{3.40}$$

Ainsi, si α a une valeur fixe, les frontières de la cellule ne peuvent être traversées que dans sens unique, mais ceci n'est plus vrai dès que le paramètre α est considéré variable. Il devient alors nécessaire d'identifier les conditions qui déterminent si une frontière, spécifiée par exemple par le vecteur q_i, pourrait être franchie ou non dans les deux sens. Pour ce faire nous devons étudier le signe de la quantité $q_i^T x_\alpha'$ pour les points de la droite $I_{i,0}$. En utilisant la relation 3.35, il est possible d'écrire cette quantité sous la forme suivante :

$$q_i^T x_\alpha' = (1 - \alpha) q_i^T x_0' + \alpha q_i^T x_1'$$

D'après l'équation 3.40, la première composante $((1 - \alpha) q_i^T x_0')$ est positive sur la frontière $I_{i,0}$. Le changement de signe de la quantité $q_i^T x_\alpha'$ dépend alors du signe de la quantité $q_i^T x_1'$. Pour étudier le signe de cette quantité, nous l'avons écrite sous la forme suivante 3.41 :

$$\begin{aligned}
q_i^T x_1' &= q_i^T (Ax + b_1) \\
&= q_i^T (Ax + b_0 + b_1 - b_0) \\
&= q_i^T x_0' + q_i^T (b_1 - b_0)
\end{aligned} \tag{3.41}$$

Cette relation montre entre autres qu'il devient possible de franchir des frontières séparatrices. Si on suppose par exemple que la frontière $I_{i,0} = \{x \mid q_i^T x = k_{i,0}\}$ est une droite séparatrice [9]

---

[8]La propriété est exprimée pour une valeur fixée du paramètre α, par exemple $\alpha = 0$, et un vecteur q_i mais elle peut être étendue aux autres cas.

[9]Dans ce cas $q_i^T x' = 0$ (cf. [75])

par rapport à $b_\alpha = b_0$, elle sera franchie dans le sens dépendant du signe de $q_i^T(b_1 - b_0)$, parce que la dynamique continue associée à la valeur particulière $b_\alpha = b_1$ le permet.

En conclusion, il est possible d'associer à chaque frontière $I_{i,0}$ deux conditions de garde (une condition par sens de traversée), notées $Gp_{i,0}$ et $Gm_{i,0}$, telles que :

- $Gp_{i,0}$ exprime les conditions de franchissement de cette frontière pour entrer dans le secteur $S_{i,0}$ à partir du secteur $S_{i-1,0}$.
- $Gm_{i,0}$ exprime les conditions de franchissement de cette frontière pour entrer dans le secteur $S_{i-1,0}$ à partir du secteur $S_{i,0}$.

Ces conditions de garde, en considérant le résultat donné par 3.41, sont caractérisées respectivement par les équations 3.42 et 3.43 :

$$Gp_{i,0} = \begin{cases} \textbf{faux} & si & q_i \text{ est un vecteur propre} \\ & & \text{et } q_i^T(b_1 - b_0) \leq 0 \\ \textbf{vrai} & sinon \end{cases} \tag{3.42}$$

$$Gm_{i,0} = \begin{cases} \textbf{faux} & si & q_i^T(b_1 - b_0) \geq 0 \\ \mathbf{q_1^T(Ax + b_1) \leq 0} & sinon \end{cases} \tag{3.43}$$

Symétriquement, il est possible d'associer à chaque frontière $I_{j,1} = \{x \mid q_j^T x = k_{j,1}\}$ deux conditions de garde, notées $Gp_{j,1}$ et $Gm_{j,1}$ et caractérisées par les équations 3.44 et 3.45 :

$$Gp_{j,1} = \begin{cases} \textbf{faux} & si & q_j \text{ est un vecteur propre} \\ & & \text{et } q_j^T(b_0 - b_1) \leq 0 \\ \textbf{vrai} & sinon \end{cases} \tag{3.44}$$

$$Gm_{j,1} = \begin{cases} \textbf{faux} & si & q_j^T(b_0 - b_1) \geq 0 \\ \mathbf{q_j^T(Ax + b_0) \leq 0} & sinon \end{cases} \tag{3.45}$$

Avec cette procédure nous avons identifié les conditions de garde associées à chaque frontière de la cellule $C_{i,j}$. Comme illustré sur la figure 3.19, les successeurs possibles de la cellule $C_{i,j}$ sont alors définis par :

$$Succ(C_{i,j}) = \begin{cases} C_{i+1,j} & si & Gp_{i+1,0} = vrai; \\ C_{i,j+1} & si & Gp_{j+1,1} = vrai; \\ C_{i-1,j} & si & Gm_{i,0} = vrai; \\ C_{i,j-1} & si & Gm_{j,1} = vrai; \end{cases}$$

3.4.2   Algorithme d'atteignabilité

Avec les principes présentés précédemment, il est possible de construire un automate hybride linéaire qui soit une abstraction du système continu avec incertitudes. Pour ce type d'automate, il est possible d'utiliser les outils tels que Hytech [46] ou PHAver [47] pour mener le calcul de l'espace atteignable. Cependant, la mise en oeuvre de la procédure du calcul exige de définir au départ l'automate global pour les deux partitions de la région invariante Inv. Ceci nous parait complexe et inutile pour des régions qui sont non atteignables. L'algorithme 3.4.1 présenté ci-dessous permet d'accomplir ce calcul d'atteignabilité sans calculer explicitement l'automate global. Le détail de chacune de ses étapes sera exposé par la suite.

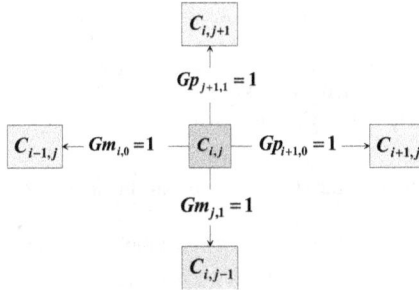

FIG. 3.19 – Conditions de transition

Algorithme 3.4.1 (Analyse d'atteignabilité globale)

- **_Données_** :   - _La loi dynamique avec incertitudes : A, b_0, b_1._

        - _La région polytopique initiale : P_{init}._

        - _Le domaine invariant : Inv._

- **_Résultats_** :   - _L'espace atteignable global à partir de P_{init} : $Att(P_{init})$._

Phase d'initialisation

1. _Partition de l'espace d'état._

2. _Identification des cellules actives et calcul de la zone d'entrée dans chacune d'elles._

Phase itérative

répéter

3. _Calcul de l'espace atteignable dans chaque cellule active et mise à jour de l'espace atteignable global._

4. _Calcul des cellules actives à considérer dans l'itération suivante et les zones d'entrée dans chacune d'elles._

jusqu'à _test d'arrêt valide_

L'étape 1 de cet algorithme est déjà traitée (cf. algorithme. 3.3.1 de la section précédente). Elle consiste simplement à rechercher :
  – l'ensemble de vecteurs $\{q_i\}$, pour décrire les secteurs de toute partition de l'espace d'état.
  – l'ensemble de vecteurs $\{\gamma_i\}$, calculé par 3.5, pour décrire les dérivées associées aux secteurs.

L'étape 2 exprime l'étape d'initialisation de la phase itérative de la procédure globale du calcul d'atteignabilité. Dans cette phase, l'objectif est d'identifier l'ensemble des cellules actives, noté CA_{init}, et l'ensemble des zones d'entrées dans chacune d'elles, noté ZE_{init}. Sachant que nbs représente le nombre de secteurs et $ZE_{i,j} \subset C_{i,j}$ la région à partir de laquelle on calcule l'espace atteignable dans la cellule $C_{i,j}$, un résumé de cette étape est donné par l'algorithme suivant 3.4.2..

Algorithme 3.4.2 (Initialisation de la phase itérative)

- **_Données_ :**   - *La loi dynamique avec incertitudes : A, b_0, b_1.*

                 - *La famille de vecteurs définissant les secteurs : $\{q_i\}$.*

                 - *La région initiale : P_{init}.*

- **_Résultats_ :**   - *Les cellules actives : CA_{init}.*

                 - *Les zones d'entrée associées aux cellules actives : ZE_{init}.*

Étapes de calcul

$CA_{init} = \emptyset$; $ZE_{init} := \emptyset$;
  pour $i = 1 : nbs$ **faire**

      pour $j = 1 : nbs$ **faire**

         $C_{i,j} = S_{i,0} \cap S_{j,1}$; $ZE_{i,j} = C_{i,j} \cap P_{init}$;

         si $Z_{i,j} \neq \emptyset$ **alors**

            ◇ *insérer la cellule $C_{i,j}$ dans l'ensemble CA_{init}*;

            ◇ *insérer la région $ZE_{i,j}$ dans l'ensemble ZE_{init}*;

         fin

      fin

  fin

Détaillons maintenant la phase itérative (étapes 3 et 4). Nous procédons dans cette phase au calcul d'atteignabilité à proprement parler. Le calcul d'atteignabilité est effectué dans chaque cellule $C_{i,j}$ de l'ensemble CA des cellules actives à partir de la région $ZE_{i,j}$. L'ensemble de ces régions est noté ZE. Tant que le test d'arrêt n'est pas valide, nous devons bien sûr itérer les calculs d'atteignabilité et réinitialiser les différentes variables nécessaires au calcul d'atteignabilité telles que l'ensemble des cellules successeurs $NewCA$ et les régions d'entrée $ZE_{i,j}$ associées à chaque cellule $C_{i,j} \in NewCA$.

Une synthèse de cette phase itérative du calcul d'atteignabilité est exprimée par l'algorithme suivant 3.4.3 :

Algorithme 3.4.3 (Calcul de l'espace atteignable $Att(P_{init})$)

- **_Données_ :** - _Description des secteurs :_ $\{q_i\}$.

  - _Description des dérivées associées aux secteurs :_ $\{\gamma_i\}$.

  - _Les cellules actives initiales :_ CA_{init}.

  - _Les zones d'entrée initiales :_ ZE_{init}.

- **_Résultats_ :** - _L'ensemble des régions atteignables à partir de_ P_{init} _dans chaque cellule_ $C_{i,j}$: $\{R_{i,j}(P_{init})\}$.

  - _L'espace atteignable globale :_ $Att(P_{init})$.

Initialisation

$Att(P_{init}) = \emptyset$; $CA = CA_{init}$; $ZE = ZE_{init}$;

Étapes de calcul

tant que CA $\neq \emptyset$ **faire**

  NewCA = $\emptyset$; NewZE = $\emptyset$;

  pour $k = 1 : card(CA)$ **faire**
  1. $C_{i,j}$:= CA(k); $ZE_{i,j}$:= ZE(k);
  2. _Calcul de_ $F_{i,j}$;
  3. _Calcul de_ $R_{i,j}(ZE_{i,j})$;
  4. _Mise à jour de_ $Att(P_{init})$:
       $Att(P_{init}) = Att(P_{init}) \cup R_{i,j}(ZE_{i,j})$;
  5. _Mise à jour de_ NewCA _et_ NewZE;
  fin
  ◇ CA = NewCA;
  ◇ ZE = NewZE;
fin

Dans l'algorithme 3.4.4, nous détaillons l'étape 5 de cet algorithme 3.4.3. Cette étape exprime la mise à jour des cellules actives et des zones d'entrée à considérer dans l'itération suivante. Pour simplifier le raisonnement, les conditions de garde utilisées dans l'algorithme 3.4.4 représentent l'ensemble des points où l'évaluation de ces conditions est vraie.

Algorithme 3.4.4 (Détails de l'étape 5 de l'algorithme 3.4.3)

- **_Données_** :   - _L'estimation de l'espace atteignable global :_ $Att(P_{init})$.
  - _La cellule $C_{i,j}$ et ses voisines :_ $C_{i+1,j}$, $C_{i-1,j}$, $C_{i,j+1}$ et $C_{i,j-1}$.
  - _L'espace atteignable dans $C_{i,j}$:_ $R_{i,j}(P_{init})$.
  - _Les conditions de garde associées aux frontières de la cellule $C_{i,j}$:_
    $Gp_{i+1,0}$, $Gm_{i,0}$, $Gp_{j+1,1}$ et $Gm_{j,1}$.
- **_Résultats_** :   - _NewCA et NewZE._

Étapes de la mise à jour

5.1. _Calcul de la zone d'entrée dans $C_{i+1,j}$:_ $ZE_{i+1,j}$.

   (a) $ZE_{i+1,j}$ $=$ $R_{i,j}(ZE_{i,j}) \cap C_{i+1,j} \cap Gp_{i+1,0}$;

   (b) $ZE_{i+1,j}$ $=$ $ZE_{i+1,j} - Att(P_{init})$;

    _si_ $ZE_{i+1,j} \neq \emptyset$ _alors_

       ⋄ _insérer_ $C_{i+1,j}$ _dans_ NewCA;

       ⋄ _insérer_ $ZE_{i+1,j}$ _dans_ NewZE;

    fin

5.2. _Calcul de la zone d'entrée dans $C_{i-1,j}$:_ $ZE_{i-1,j}$.

   (a) $ZE_{i-1,j}$ $=$ $R_{i,j}(ZE_{i,j}) \cap C_{i-1,j} \cap Gm_{i,0}$;

   (b) $ZE_{i-1,j}$ $=$ $ZE_{i-1,j} - Att(P_{init})$;

    _si_ $ZE_{i-1,j} \neq \emptyset$ _alors_

       ⋄ _insérer_ $C_{i-1,j}$ _dans_ NewCA;

       ⋄ _insérer_ $ZE_{i-1,j}$ _dans_ NewZE;

    fin

5.3. _Calcul de la zone d'entrée dans $C_{i,j+1}$:_ $ZE_{i,j+1}$.

   (a) $ZE_{i,j+1}$ $=$ $R_{i,j}(ZE_{i,j}) \cap C_{i,j+1} \cap Gp_{j+1,1}$;

   (b) $ZE_{i,j+1}$ $=$ $ZE_{i,j+1} - Att(P_{init})$;

    _si_ $ZE_{i,j+1} \neq \emptyset$ _alors_

       ⋄ _insérer_ $C_{i,j+1}$ _dans_ NewCA;

       ⋄ _insérer_ $ZE_{i,j+1}$ _dans_ NewZE;

    fin

5.4. _Calcul de la zone d'entrée dans $C_{i,j-1}$:_ $ZE_{i,j-1}$.

   (a) $ZE_{i,j-1}$ $=$ $R_{i,j}(ZE_{i,j}) \cap C_{i,j-1} \cap Gm_{j,1}$;

   (b) $ZE_{i,j-1}$ $=$ $ZE_{i,j-1} - Att(P_{init})$;

    _si_ $ZE_{i,j-1} \neq \emptyset$ _alors_

       ⋄ _insérer_ $C_{i,j-1}$ _dans_ NewCA;

       ⋄ _insérer_ $ZE_{i,j-1}$ _dans_ NewZE;

    fin

3.4.3 Conclusion

L'extension de cette approche au cas d'un domaine d'incertitude polytopique quelconque est immédiate. Considérons par exemple le cas d'un polytope d'incertitude à d sommets. Une cellule C sera alors définie comme l'intersection de d secteurs tels que chacun d'eux est un élément de la partition associé à une valeur extrême de l'incertitude (ou sommets du polytope d'incertitude). En d'autres termes, la cellule C sera définie par $2d$ contraintes. L'inclusion différentielle dans cette cellule est définie par l'union convexe des d inclusions différentielles associées aux secteurs qui la composent. On peut alors calculer l'espace atteignable dans cette cellule. Pour itérer le calcul d'atteignabilité, nous devons bien sûr identifier les successeurs possibles de chaque cellule considérée active. Pour ce faire une vérification des conditions de franchissement des $2d$ contraintes peut se faire selon le même principe. Par ailleurs, le test d'arrêt du calcul d'atteignabilité reste le même que celui présenté précédemment.

D'autre part, l'extension de l'approche proposée de façon à pouvoir mener l'analyse d'atteignabilité sur des systèmes de dimension supérieure découle directement des mêmes principes appliquées à l'approche de base d'atteignabilité en dimension supérieure.

Théoriquement ces extensions de l'approche proposée ne posent pas de problème, cependant, elles se traduisent par une augmentation de la complexité du calcul.

3.4.4 Exemple illustratif

Pour illustrer l'approche décrite par l'algorithme 3.4.1, nous reprenons l'exemple proposé dans la section 3.3.5. Le but de ce choix est de pouvoir comparer par la suite le résultat donné par l'application de cette approche avec celle présentée dans la section 3.3. Dans ce cas, la région initial P_{init} est le point $x_{int} = \begin{pmatrix} 4 \\ 5 \end{pmatrix}$. Nous rappelons que les vecteurs propres à gauche de la matrice A sont :

$$w_1 = \begin{pmatrix} 1 \\ 1 \end{pmatrix} \quad et \quad w_2 = \begin{pmatrix} 4 \\ 1 \end{pmatrix}$$

Pour une valeur spécifique du paramètre α (ou du vecteur b_α) ces vecteurs propres permettent de construire une partition de l'espace d'état en quatre secteurs "invariants" (ces secteurs sont délimités par des droites "séparatrices") caractérisées par 3.46 :

$$D_i : (w_k^T(x - x_{e_\alpha}) \geq 0 \quad \wedge \quad w_l^T(x - x_{e_\alpha}) \leq 0) \tag{3.46}$$

où (w_k, w_l) est $(w_2, -w_1)$ pour D_1, (w_2, w_1) pour D_2, $(-w_2, w_1)$ pour D_3 et $(-w_2, -w_1)$ pour D_4.

Par conséquent, comme nous l'avons mentionné dans le cas d'un système sans incertitudes ou autonome (section 3.2), il est possible de générer, dans chaque secteur, des droites isoclines par une combinaison convexe de vecteurs (w_k, w_l) et alors de calculer une sur-approximation de l'espace atteignable à partir d'un point de chaque secteur (voir figure 3.8).

Lorsque le vecteur b_α est considéré variable, il est aisé de constater d'après l'équation 3.44 que la "demi-droite séparatrice" spécifiée par le vecteur $-w_1$ et le point d'équilibre associé au vecteur $b_\alpha = b_1$ (la frontière du secteur D_1 pour $b_\alpha = b_1$) peut être traversée puisqu'elle est dans le demi-plan où $-w_1^T(x - x_{e_0}) \leq 0$. D'autre part, la demi-droite séparatrice spécifiée par le vecteur w_1 et le point d'équilibre associé au vecteur $b_\alpha = b_1$ n'est pas traversée dans ce calcul.

Le résultat du calcul d'atteignabilité à partir du point x_{init} est illustré sur la figure ??.

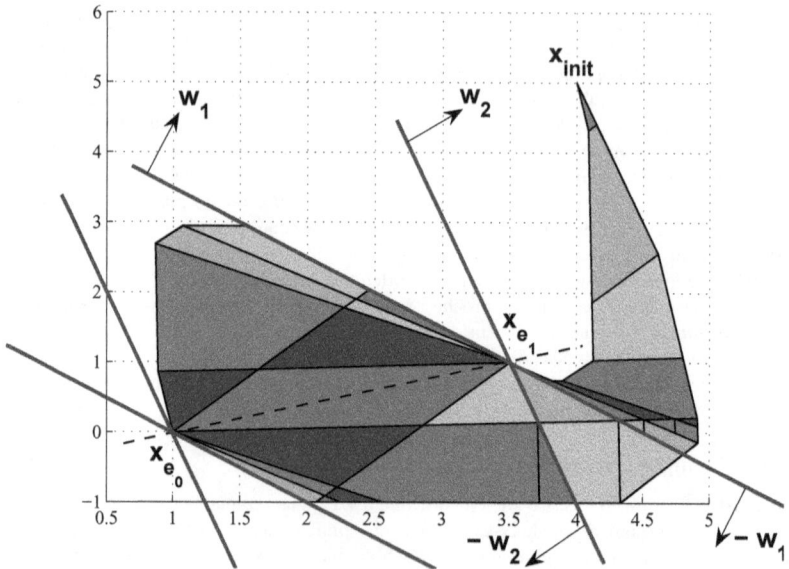

FIG. 3.20 – Espace atteignable global à partir du point x_{init}

Comme nous pouvons le constater, l'espace atteignable reste toujours dans la région invariante D_1 pour $b_\alpha = b_0$ étant donné que la demi-droite définie par le vecteur $-w_1$ et le point
d'équilibre x_{e_0} reste infranchissable dans ce sens.

Remarque 3.7 *Il est possible de comparer cet espace atteignable (voir figure 3.20) avec celui
calculé par l'algorithme 3.3.1 dans la section 3.3 pour le même système mais avec une incertitude
supposée fixe (voir figure 3.15). Il est en effet aisé de constater les conséquences importantes des
variations possibles du paramètre d'incertitude.*

On obtient des résultats similaires en considérant un domaine initial non réduit à un point
comme on peut le voir sur la figure 3.21 où le domaine initial P_{init} est un polytope de sommets :

$$\begin{pmatrix} 4 & 4 & 3 & 3.5 \\ 5 & 6 & 5 & 6 \end{pmatrix}$$

3.5 Conclusion

Dans ce chapitre, nous avons présenté deux approches pour mener l'analyse d'atteignabilité
sur des systèmes affines avec incertitude. Ces approches étendent un précédent travail qui a

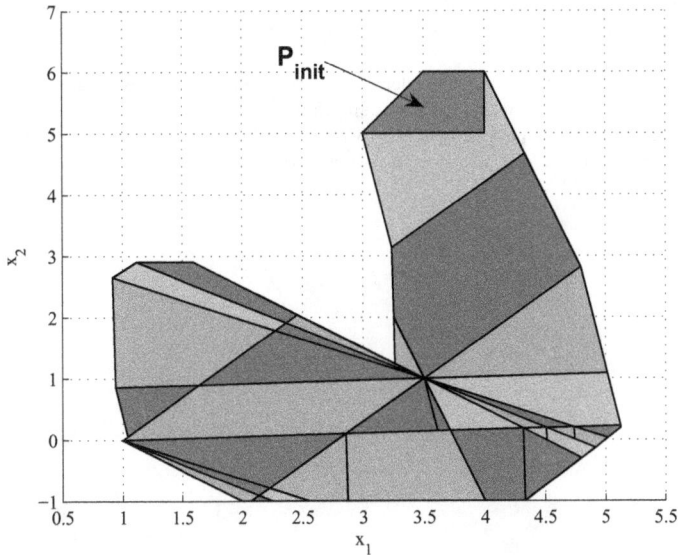

FIG. 3.21 – Espace atteignable global à partir du domaine P_{init}

l'avantage de permettre de définir un comportement simplifié du système dont la dynamique est complètement connue[10]. Cette simplification est le résultat d'une abstraction fondée sur une partition de l'espace d'état en secteurs dont les frontières sont des droites isoclines, permettant ainsi de définir un encadrement du vecteur dérivée sous forme d'une inclusion différentielle induisant un calcul direct de l'espace atteignable.

Dans la première approche, le paramètre d'incertitude est supposé fixe dans le temps. Dans ces conditions, l'utilisation de la méthode d'hybridisation conjuguée à un choix judicieux de valeurs particulières du paramètre $\alpha \in [0,1]$ a permis, après une abstraction de la dynamique du système, de simplifier le calcul d'atteignabilité. L'ensemble de ces valeurs est adapté à chaque itération de la procédure du calcul afin de prendre en compte une éventuelle intersection avec l'invariant Inv.

La deuxième approche traite le problème d'atteignabilité sur des systèmes affines, de dimension en théorie quelconque, avec incertitudes plus générales. En effet, dans cette approche, l'incertitude est seulement supposée bornée (le paramètre d'incertitude prend ses valeurs dans un polytope). Quand la variable d'incertitude varie, l'abstraction globale est déduite à partir de l'abstraction associée à chaque sommet (ou valeur extrême) du domaine d'incertitude. L'espace d'état est alors partitionné en cellules sur lesquelles la dynamique du système est simplifiée

---

[10]les systèmes dynamiques sans incertitudes ou autonomes

par une inclusion différentielle. Cette abstraction nous a permis de calculer de manière simple une sur-approximation de l'espace atteignable global. Cette méthode a été présentée pour un domaine d'incertitude avec deux sommets mais son extension pour un domaine avec plus de sommets est directe.

Un exemple a permis de valider les deux approches de manière satisfaisante. De plus, il a souligné l'intérêt de disposer d'un algorithme spécifique pour le cas d'une incertitude invariante.

Une application de la deuxième approche permettant de mener l'analyse d'atteignabilité sur des systèmes non-linéaires est présentée dans le chapitre suivant.

Chapitre 4

Analyse d'Atteignabilité des Systèmes Hybrides Non-Linéaires

4.1 Introduction

Dans les chapitres précédents, l'analyse d'atteignabilité a été menée pour des systèmes dont l'évolution continue était donnée soit par une équation différentielle affine (autonome),

$$x'(t) = Ax(t) + b, \quad \text{avec } x(t) \in \Omega \tag{4.1}$$

où Ω est un polytope de $\mathbb{R}^n$
soit par une équation différentielle avec un terme d'incertitude (ou de perturbation)

$$x'(t) = Ax(t) + b + u(t), \quad \text{avec } x(t) \in \Omega \text{ et } u(t) \in U \tag{4.2}$$

où Ω et U sont deux polytopes de $\mathbb{R}^n$.
Néanmoins, il est fréquent que la dynamique du système hybride soit modélisée par des équations différentielles non-linéaires :

$$x'(t) = f(x(t)), \quad x(t) \in \Omega \tag{4.3}$$

avec f une fonction non-linéaire.

En profitant des techniques d'analyse d'atteignabilité développées dans le chapitre précédent, on souhaite élargir dans ce chapitre l'analyse d'atteignabilité aux systèmes hybrides non-linéaires. Autrement dit, on souhaite calculer une approximation, notée $Att(P_{init})$, de l'espace atteignable du système dynamique non-linéaire pour un ensemble de conditions initiales $P_{init} \subseteq \Omega$.

A part certaines approches telles que celles basées sur l'arithmétique d'intervalles [76] ou celles utilisées dans les outils d/dt [77] et CheckMate [78], l'analyse d'atteignabilité sur les systèmes non-linéaires passe souvent par une simplification de la dynamique. Cette simplification consiste généralement à approcher le champ de vecteurs f par un champ de vecteurs f_{app}, affine par morceaux, plus simple à étudier [79, 80, 81, 17, 82].

$$x'(t) \approx f_{app}(x(t)), \quad x(t) \in \Omega \tag{4.4}$$

Pour construire le champ de vecteurs approché f_{app}, on se donne souvent une subdivision du domaine $\Omega = \bigcup_{i \in I} \Omega_i$, et dans chaque élément, Ω_i, de cette subdivision, on approche localement le champ de vecteurs f par un champ de vecteurs affine f_i, $\forall i \in I$,

$$f(x(t)) \approx f_{app}(x(t)) = f_i(x(t)) = A_i x(t) + b_i, \quad x(t) \in \Omega_i.$$

Cependant, dans l'approximation locale du champ de vecteurs f par le champ de vecteurs f_i, on commet forcement une erreur. Donc, pour garantir le résultat, il faut intégrer cette erreur au modèle en ajoutant, au champ de vecteurs linéaires f_i, un terme d'incertitude.

$$f_i(x(t)) = A_i x(t) + b_i + u(t), \tag{4.5}$$

avec $x(t) \in \Omega_i$ et $u(t) \in U_i :=$ Domaine de $\mathbb{R}^n$.

Dans chaque élément Ω_i de la subdivision, la dynamique non-linéaire du système hybride est alors approchée par une dynamique linéaire avec incertitudes de la forme (4.2). En conséquence, dans chaque élément Ω_i, l'analyse d'atteignabilité du système initial peut être effectuée grâce à l'analyse d'atteignabilité d'un système hybride affine avec incertitudes exposée dans le chapitre précédent.

Dans ce chapitre, nous commencerons par présenter trois méthodes d'approximation linéaire d'un champ de vecteurs non-linéaire. Nous verrons, ensuite, comment opter pour une de ces méthodes. Après le choix d'une approximation linéaire, nous détaillerons le calcul du domaine d'incertitude U_i. Après avoir déterminé les champs de vecteurs linéaires avec incertitudes, nous procéderons au calcul de la sur-approximation de l'espace atteignable.

4.2 Approximation affine

La qualité de l'approximation linéaire d'un champ de vecteurs non-linéaire est étroitement liée à la taille du domaine sur lequel elle a lieu. Comme nous le verrons dans cette section, certaines méthodes d'approximation exigent de plus une géométrie particulière de ce domaine. Pour améliorer la qualité de l'approximation, une subdivision (ou maillage) de ce dernier s'impose. Ainsi, l'approximation linéaire sera menée sur les éléments de cette subdivision. C'est pourquoi, avant d'aborder les méthodes d'approximation, nous devons rappeler brièvement la notion générale de maillage.

4.2.1 Maillage du domaine

Nous appelons subdivision d'espace (ou maillage) une décomposition de l'espace en cellules (sommets, arêtes, faces, volumes, etc.)

Définition 4.1 *Une famille de polytopes $(\Omega_i)_{i \in I}$ est un maillage [81] (voir figure 4.1) d'un polytope Ω si*

1. $\bigcup_{i \in I} \Omega_i = \Omega$

2. $\forall i_1, i_2 \in I$, $i_1 \neq i_2$, *l'intersection $\Omega_{i_1} \cap \Omega_{i_2}$ est soit vide, soit égale à l'enveloppe convexe des sommets de Ω_{i_1} communs à Ω_{i_2}.*

Soit $i \in I$, on note par l_i la taille de l'élément Ω_i :

$$l_i = \sup_{x,y \in \Omega_i} \| x - y \|_\infty.$$

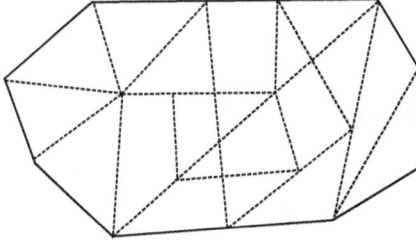

FIG. 4.1 – Exemple de maillage d'un polytope

où $\| \cdot \|_\infty$ représente la norme infinie [1] sur $\mathbb{R}^n$.

Dans les trois méthodes d'approximation présentées ci-dessous, on souhaite linéariser le champ de vecteurs f, sur un polytope Ω_i d'un maillage du domaine $\Omega = \bigcup_{i \in I} \Omega_i$, donné a priori.

4.2.2 Approximation tangente

Une démarche classique pour approcher le champ de vecteurs f, sur Ω_i, est d'utiliser l'approximation tangente ou approximation affine tangente. Par exemple, pour un champ de vecteurs dérivable f d'une variable réelle et un réel $a \in \Omega_i$, la fonction $x \to f_i(x) = f(a) + f'(a)(x-a)$ représente une approximation linéaire de f en a. On écrit alors, pour $x \in \Omega_i$, (Ω_i est un voisinage de a).

$$f(x) \simeq f_i(x) = A_i x + b_i = f(a) + f'(a)(x-a)$$

Il est aussi possible d'utiliser cette approximation pour les fonctions vectorielles d'une variable vectorielle, dans laquelle $f'(a)$ est remplacée par une matrice jacobienne. L'approximation correspond alors à l'équation d'une droite tangente, ou d'un plan tangent, ou d'un hyperplan tangent. Cela s'applique aussi aux fonctions d'une variable complexe. D'une manière générale, on peut écrire

$$f(x) \simeq f_i(x) = A_i x + b_i = Df(a).x + f(a) - Df(a).a$$

où $Df(a)$ est la différentielle de f en a.

Cette méthode d'approximation n'exige aucune supposition sur la géométrie du polytope Ω_i, mais l'erreur d'approximation dépend étroitement de la taille de ce dernier.

4.2.3 Méthode d'interpolation aux sommets d'un simplexe

L'idée est toujours d'approcher localement, sur l'élément Ω_i du maillage, le champ de vecteurs non-linéaire f par un champ de vecteurs affine f_i.

$$f_i(x) = A_i x + b_i$$

Comme le champ de vecteurs f est une fonction à n variables, alors toute approximation linéaire est caractérisée de manière unique par sa valeur en $n + 1$ points affinement indépendants.

---

[1]Soit $x \in \mathbb{R}^n : \| x \|_\infty = \max_{i \in [1,...,n]} |x_i|$.

Si on considère que pour tout $i \in I$ le polytope Ω_i est un simplexe, enveloppe convexe de ses $(n+1)$ sommets, affinement indépendants, il est possible d'utiliser ces sommets pour déterminer l'approximation.

Par conséquent, l'approximation linéaire f_i est calculée par interpolation du champ de vecteurs f aux sommets du simplexe Ω_i et vérifie donc : $\forall k \in \{0, 1, ..., n\}$,
$f_i(x^k) = f(x^k)$, soit :

$$\forall k \in \{0, 1, ..., n\}, \ A_i x^k + b_i = f(x^k)$$

De ces contraintes d'interpolation, on déduit les relations suivantes :

$$\forall k \in \{1, ..., n\}, \ A_i(x^k - x^0) = f(x^k) - f(x^0). \tag{4.6}$$

qui vont nous permettre d'expliciter la fonction linéaire f_i.
On note
- $X \in \mathcal{M}_n(\mathbb{R})^{(2)}$, la matrice $n \times n$ formée des vecteurs colonnes $x^k - x^0$, $k = 1, ..., n$.
- $F \in \mathcal{M}_n(\mathbb{R})$, la matrice $n \times n$ formée des vecteurs colonnes $f(x^k) - f(x^0)$, $k = 1, ..., n$.
Les contraintes d'interpolation (4.6) peuvent alors s'exprimer sous forme matricielle :

$$A_i X = F$$

Par indépendance affine des sommets du simplexe Ω_i $(det(X) \neq 0)$, la matrice X est inversible. L'approximation linéaire du champ de vecteurs f sur Ω_i est donnée par :

$$\begin{aligned} A_i &= FX^{-1} \\ b_i &= f(x^0) - A_i x^0 \end{aligned}$$

D'après [57], sous certaines hypothèses (f est L-Lipschitz sur Ω, f est $\mathcal{C}^2$-Lipschitz sur Ω) sur le champ de vecteurs f, il est possible de majorer l'erreur d'interpolation en fonction de la taille l_i de Ω_i. L'obtention d'une approximation linéaire de bonne qualité passe donc par un choix judicieux de la taille de l'élément Ω_i (l_i doit être suffisamment petite).

4.2.4 Régression linéaire

L'idée de cette méthode est de construire un hyperplan défini par un modèle de régression linéaire f_i, qui passe le plus près possible d'un ensemble de valeurs du champ de vecteurs f, sur un nuage de points. Dans la suite, nous avons choisi la méthode des moindres carrés (Ordinary Least Square en Anglais) pour construire la régression linéaire $f_i(x) = A_i x + b_i$, sur Ω_i.

Supposons le nuage de points constitué des p points, $\{x^1, ..., x^p\}$, nous avons alors les données suivantes :

$$\begin{array}{ccccccc} Y^1 & \widehat{Y}^1 & x_1^1 & x_2^1 & \ldots & x_n^1 \\ \vdots & \vdots & \vdots & \vdots & \ldots & \vdots \\ Y^p & \widehat{Y}^p & x_1^p & x_2^p & \ldots & x_n^p \end{array}$$

où
- Y^k est la valeur calculée de f en x^k (appelé aussi observation).
- $\widehat{Y}^k$ est l'évaluation de Y à partir de l'équation de régression. C'est aussi la valeur théorique de f_i en x^k.
- x_j^k est la $j^{\text{ème}}$ composante de point x^k.

$^{(2)}$Ensemble des matrices carrées d'ordre n à coefficients dans $\mathbb{R}$

– $j = 1, ..., n$, $k = 1, ..., p$.

Le modèle de régression linéaire est donné par :

$$Y^k = \widehat{Y}^k + \varepsilon^k = A_i x^k + b_i + \varepsilon^k, \quad k = 1, ..., p.$$
$$\Downarrow$$
$$\begin{bmatrix} Y^1 ... Y^p \end{bmatrix} = \begin{bmatrix} A_i \; b_i \end{bmatrix} \begin{bmatrix} x^1 & \cdots & x^p \\ 1 & \cdots & 1 \end{bmatrix} + \begin{bmatrix} \varepsilon^1 ... \varepsilon^p \end{bmatrix}$$
$$\Updownarrow$$
$$Y = \beta X + \mathcal{E} = \widehat{Y} + \mathcal{E}$$

avec,

$$Y = \begin{bmatrix} Y^1 ... Y^p \end{bmatrix}, \; \beta = [A_i \; b_i], \; X = \begin{bmatrix} x^1 & \cdots & x^p \\ 1 & \cdots & 1 \end{bmatrix} \text{ et } \mathcal{E} = \begin{bmatrix} \varepsilon^1 ... \varepsilon^p \end{bmatrix}.$$

On peut maintenant estimer le paramètre β (ou les paramètres A_i et b_i) en déterminant la valeur qui minimise $\mathcal{E}$ (au sens des moindres carrés par exemple), la distance entre les observations et le modèle de régression. On doit donc résoudre

$$\begin{aligned} \min_{\beta} \Psi(\beta) &= \min_{\beta} (Y - \beta X)^T (Y - \beta X) \\ &= \min_{\beta} (Y - \widehat{Y})^T (Y - \widehat{Y}) \\ &= \min_{\beta} \mathcal{E}^T \mathcal{E} \end{aligned}$$

$\Psi(\beta)$ est une fonction continue facile à minimiser, pour autant que la matrice X soit de plein rang, c'est-à-dire qu'il existe une unique inverse à la matrice $X^T X$. Dans ces conditions, il suffit de résoudre le système d'équations

$$\frac{\partial}{\partial \beta} \Psi(\beta) = 0$$

La solution obtenue est l'estimateur des moindres carrés ordinaires, il s'écrit :

$$\beta = (X^T X)^{-1} X^T Y$$

4.3 Étude comparative des trois méthodes d'approximation

Les méthodes d'approximation exposées dans la section précédente permettent de linéariser le champ de vecteurs non-linéaire f, sur chaque élément Ω_i.

Pour choisir une de ces méthodes et en l'absence d'un critère de comparaison formel, nous avons procédé à l'étude statistique de la qualité de chacune d'elles. L'idée la plus simple pour mener cette étude est de calculer pour chaque approximation linéaire du champ de vecteurs non-linéaire f, l'erreur minimum, l'erreur maximum et l'erreur moyenne de la fonction erreur, sur un nuage de points distribués de manière aléatoire sur Ω_i.

On note :

◇ $f_{i,1}$, l'approximation tangente de f en un point $\hat{x} \in \Omega_i$.

◇ $f_{i,2}$, l'approximation linéaire de f par interpolation aux sommets de Ω_i.

◇ $f_{i,3}$, un modèle de régression linéaire de f sur Ω_i.

◇ $x \rightarrow e_{i,k}(x) = f(x) - f_{i,k}(x)$, les fonctions d'erreur, avec $k = 1, \, 2, \, 3$.

Dans la suite de cette section, on souhaite estimer, sur le nuage de points $\{x^1, ..., x^m\}$, les erreurs suivantes :

- Erreur minimum $= \min\limits_{x \in \{x^1, ..., x^m\}} \| e_{i,k}(x) \|$.

- Erreur maximum $= \max\limits_{x \in \{x^1, ..., x^m\}} \| e_{i,k}(x) \|$.

- Erreur moyenne $= \sum\limits_{k=1}^{k=m} \| e_{i,k}(x) \| / m$.

où $k = 1, 2, 3$ et $\| . \|$ représente une norme euclidienne en dimension 2.

Parmi ces estimations, on accordera un intérêt particulier aux estimations de l'erreur moyenne et de l'erreur maximum. L'erreur moyenne donne a priori le plus d'informations sur la qualité de l'approximation. Par contre l'erreur maximum quant à elle permet d'avoir une idée sur la taille du domaine d'incertitude qui sera nécessaire de prendre en compte par la suite.

4.3.1 Algorithme de génération des éléments de comparaison

L'algorithme 4.3.1 décrit les étapes de génération des éléments nécessaires à la comparaison (l'erreur minimum, l'erreur maximum et l'erreur moyenne), sur plusieurs exemples de champs de vecteurs non-linéaires f.

Algorithme 4.3.1 (Estimations de l'erreur)

- **_Données_** :   - Le champ de vecteurs f ainsi que le point initial x_0.
   - Le domaine Ω_i, fixé a priori.
- **_Résultat_** :   - Estimation des valeurs des fonctions d'erreur sur le nuage de m points (erreur minimum, erreur maximum, erreur moyenne).

les étapes de calcul

1. Calcul de $f_{i,1}$, $f_{i,2}$ et $f_{i,3}$.
2. Création de $\{x^1, ..., x^m\}$.
3. Estimation des erreurs d'approximation $e_{i,k}(x) = f(x) - f_{i,k}(x)$ sur $\{x^1, ..., x^m\}$.

$m{=}100$	$e_{i,1}$	$e_{i,2}$	$e_{i,3}$
Erreur minimum	?	?	?
Erreur maximum	?	?	?
Erreur moyenne	?	?	?

4.3.2 Procédure d'étude

Comme mentionné précédemment, seule l'approximation par interpolation aux sommets d'un simplexe impose une géométrie simpliciale du domaine Ω_i. A cet effet, dans les exemples présentés ci-dessous, nous avons choisi une géométrie simpliciale du domaine Ω_i (triangle en dimension 2).

D'autre part, afin d'avoir une base d'information satisfaisante pour procéder à la comparaison, nous allons utiliser l'algorithme 4.3.1 sur plusieurs exemples de fonctions non-linéaires f.

On se donne, par exemple, un triangle isocèle rectangle Ω_i quelconque centré en x_0.

Dans les trois exemples ci-dessous, le modèle de la régression linéaire est calculé à partir d'un nuage de p de points (on a choisi arbitrairement $p = 28$, sommets d'une grille créée sur Ω_i), et l'approximation linéaire tangente est calculée en x_0.

D'autre part, les estimations des erreurs sont calculées sur un nuage de m points (on a choisi arbitrairement $m = 100$), distribués de manière aléatoire sur Ω_i.

Exemple 4.1 .
Dans cet exemple la longueur des deux côtés isométriques du triangle Ω_i est 0.5.

$$x' = f(x_1, x_2) = \left\{ \begin{array}{l} x_2 + x_1 x_2 + 1 \\ x_2^2 - x_1 + 1 \end{array} \right. , \quad avec \ x_0 = \left(\begin{array}{c} 0 \\ 0 \end{array} \right). \tag{4.7}$$

Le calcul de l'approximation linéaire du champ de vecteurs f par les trois méthodes donne,

$$\left\{ \begin{array}{ccl} f_{i,1}(x_1, x_2) & = & \left(\begin{array}{cc} 0 & 0 \\ -1 & 0 \end{array} \right) \left(\begin{array}{c} x_1 \\ x_2 \end{array} \right) + \left(\begin{array}{c} 1 \\ 1 \end{array} \right) \\[3mm] f_{i,2}(x_1, x_2) & = & \left(\begin{array}{cc} -0.1667 & 0.8333 \\ -1.0000 & 0.1667 \end{array} \right) \left(\begin{array}{c} x_1 \\ x_2 \end{array} \right) + \left(\begin{array}{c} 0,9722 \\ 1,0556 \end{array} \right) \\[3mm] f_{i,3}(x_1, x_2) & = & \left(\begin{array}{cc} -0.0833 & 0.9167 \\ -1.0000 & 0.0833 \end{array} \right) \left(\begin{array}{c} x_1 \\ x_2 \end{array} \right) + \left(\begin{array}{c} 0.9896 \\ 1.0208 \end{array} \right) \end{array} \right.$$

Sur la figure 4.2, nous avons représenté $x(t)$ (en trait noir), solution de l'équation différentielle (4.7), et les $x_{i,k}(t)$ pour $k = 1, 2, 3$, les solutions approchées de l'équation différentielle (4.7), pour les trois méthodes d'approximation. Visuellement, on constate que l'approximation $f_{i,3}$ est la meilleure ce qui sera confirmé par la suite.

Après calcul de ces différentes approximations linéaires, nous avons procédé (voir table 4.1) à l'estimation de l'erreur minimum, l'erreur maximum et l'erreur moyenne, pour chaque fonction d'erreur $e_{i,k}$, sur le nuage de $m = 100$ points. On remarque que l'approximation tangente $f_{i,1}$ donne des résultats de mauvaise qualité par rapport aux deux autres méthodes d'approximations linéaires ($f_{i,2}$ et $f_{i,3}$). D'autre part, les estimations révèlent en particulier que l'erreur moyenne (resp. l'erreur maximum) de l'approximation linéaire par l'interpolation $e_{i,2}$ est presque 8 fois (resp. 2 fois) plus importante que l'erreur moyenne (resp. l'erreur maximum) de l'approximation linéaire par le modèle de la régression linéaire $e_{i,3}$.

m=100	$e_{i,1}$	$e_{i,2}$	$e_{i,3}$
Erreur minimum	0.0040	$2.6727e - 005$	0.0022
Erreur maximum	0.2586	0.0823	0.0477
Erreur moyenne	0.0071	0.0013	$1.6842e - 004$

TAB. 4.1 – Estimation des erreurs d'approximation

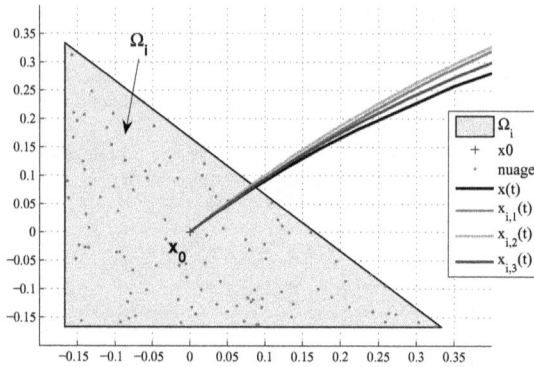

FIG. 4.2 – $x(t)$ et les $x_{i,k}(t)$, avec k=1,2,3.

Exemple 4.2 .

Dans cet exemple la longueur des deux cotés isométriques du triangle est 1.

$$x' = f(x_1, x_2) = \begin{cases} x_2 - x_1 + (x_1 - 1,85)^2 \\ x_2 - x_1^3 + 3x_1 \end{cases} \quad , \quad avec \ x_0 = \begin{pmatrix} -3 \\ 0 \end{pmatrix}. \qquad (4.8)$$

Les approximations linéaires du champ de vecteurs f sur Ω_i sont :

$$\begin{cases} f_{i,1}(x_1, x_2) &= \begin{pmatrix} -1.1876 & 1.0000 \\ -0.5607 & 1.0000 \end{pmatrix} \begin{pmatrix} x_1 \\ x_2 \end{pmatrix} + \begin{pmatrix} 0.3383 \\ 0.8368 \end{pmatrix} \\[2ex] f_{i,2}(x_1, x_2) &= \begin{pmatrix} -1.1876 & 1.0000 \\ -6.5027 & 1.0000 \end{pmatrix} \begin{pmatrix} x_1 \\ x_2 \end{pmatrix} + \begin{pmatrix} 0.5883 \\ 9.9550 \end{pmatrix} \\[2ex] f_{i,3}(x_1, x_2) &= \begin{pmatrix} -1.1876 & 1.0000 \\ -6.4547 & 1.0000 \end{pmatrix} \begin{pmatrix} x_1 \\ x_2 \end{pmatrix} + \begin{pmatrix} 0.4549 \\ 10.5731 \end{pmatrix} \end{cases}$$

L'estimation des erreurs d'approximation sur un nuage de m points est donnée par le tableau 4.2. A partir de ces estimations, on constate que l'erreur moyenne (resp. l'erreur maximum) de l'approximation linéaire par l'interpolation $e_{i,2}$ est presque 5 fois (resp. 2 fois) plus importante que l'erreur moyenne (resp. l'erreur maximum) de l'approximation linéaire par le modèle de la régression linéaire $e_{i,3}$.

Exemple 4.3 .

Dans cet exemple la longueur des deux cotés isométriques du triangle Ω_i est 0.2.

$$x' = f(x_1, x_2) = \begin{cases} x_2 - \alpha x_1 x_2 + 1 \\ \beta x_1 \end{cases} \quad , \quad avec \ x_0 = \begin{pmatrix} 0 \\ 0 \end{pmatrix}. \qquad (4.9)$$

m=100	$e_{i,1}$	$e_{i,2}$	$e_{i,3}$
Erreur minimum	0.0043	0.0746	0.0130
Erreur maximum	3.9555	1.3435	0.6275
Erreur moyenne	1.2343	0.5418	0.1013

TAB. 4.2 – Estimation des erreurs d'approximation

Avec $\alpha = -0.52$; $\beta = -1$

Les approximations linéaires du champ de vecteurs f sur Ω_i :

$$
\begin{cases}
f_{i,1}(x_1,x_2) = \begin{pmatrix} -4.4883 & 1.0000 \\ 2.9664 & 1.0000 \end{pmatrix} \begin{pmatrix} x_1 \\ x_2 \end{pmatrix} + \begin{pmatrix} 1.4183 \\ 0.6107 \end{pmatrix} \\[4mm]
f_{i,2}(x_1,x_2) = \begin{pmatrix} -0.5878 & 1.1070 \\ -1.0000 & 0 \end{pmatrix} \begin{pmatrix} x_1 \\ x_2 \end{pmatrix} + \begin{pmatrix} 1.4183 \\ 0.6107 \end{pmatrix} \\[4mm]
f_{i,3}(x_1,x_2) = \begin{pmatrix} -0.5358 & 1.0550 \\ -1.0000 & 0.0000 \end{pmatrix} \begin{pmatrix} x_1 \\ x_2 \end{pmatrix} + \begin{pmatrix} 1.0567 \\ 0.0000 \end{pmatrix}
\end{cases}
$$

L'estimation des erreurs d'approximation est donnée par le tableau 4.3. On constate que l'erreur moyenne (resp. l'erreur maximum) de l'approximation linéaire par l'interpolation $e_{i,2}$ est presque 11 fois (resp. 4 fois) plus importante que l'erreur moyenne (resp. l'erreur maximum) de l'approximation linéaire par le modèle de la régression linéaire $e_{i,3}$.

m=100	$e_{i,1}$	$e_{i,2}$	$e_{i,3}$
Erreur minimum	0.0167	$2.0196e - 005$	$2.9535e - 005$
Erreur maximum	0.6365	0.0183	0.0050
Erreur moyenne	0.0579	$1.7793e - 005$	$1.5838e - 006$

TAB. 4.3 – Estimation des erreurs d'approximation

4.3.3 Conclusion

Au travers des résultats expérimentaux présentés dans les différents exemples, nous estimons qu'il n'est pas convenable de choisir la méthode d'approximation tangente vue la mauvaise qualité de ses erreurs par rapport aux deux autres méthodes.

Bien que l'approximation linéaire par interpolation présente l'avantage d'une mise en oeuvre simple par rapport au modèle de la régression linéaire, elle possède deux désavantages significatifs. Le premier provient de l'obligation de définir une géométrie simpliciale pour chaque élément du maillage ce qui augmente la complexité du calcul. Le deuxième désavantage, qui est aussi l'avantage du modèle de la régression linéaire par rapport à la méthode de l'interpolation linéaire, est liée à l'erreur moyenne et maximum toujours beaucoup plus fortes que dans le cas de l'interpolation.

En conclusion, on utilisera la méthode de régression linéaire comme technique d'approximation linéaire de tous les champs de vecteurs non-linéaires.

4.4   Calcul du domaine d'incertitude

La section précédente nous a permis de choisir une méthode de linéarisation minimisant l'erreur d'approximation. Afin de garantir la validité des résultats de vérification, il est cependant nécessaire de prendre en compte cette erreur en calculant un domaine d'incertitude polyédrique U_i qui garantit la satisfaction de l'équation :

$$\forall x \in \Omega_i \quad \Rightarrow \quad f(x) \in A_i x + b_i + U_i \tag{4.10}$$

Le calcul du polyèdre U_i, comme nous le verrons, découle de l'utilisation de l'inégalité des accroissement finis.

Théorème 4.1 (Inégalité des accroissements finis) *Soit g une application d'un ouvert $\mathcal{O}$ d'un espace vectoriel normé* E *dans* $\mathbb{R}$. *Soient $a, b \in \mathcal{O}$ tels que $(a, b) \subset \mathcal{O}$. Si g est continue sur* $[a, b]$ *et différentiable sur* $]a, b[$, *il existe $c \in]a, b[$ tel que*

$$g(b) - g(a) = Dg(c)(b - a)$$

Pour bien ajuster le domaine d'incertitude U_i, on doit estimer efficacement la fonction erreur $x \to e(x) = f(x) - A_i x - b_i$ sur Ω_i.

A cet effet, nous commençons, tout d'abord, par estimer l'erreur sur les sommets d'une grille créée sur Ω_i.

Soit Gr_h une grille de pas h aussi petit que l'on veut, créée sur Ω_i, et de sommets $\{x^1, ..., x^p\}$. L'idée est de trouver un polyèdre qui ajuste au mieux le nuage des points $\{y^1, ..., y^p\}$, image de $\{x^1, ..., x^p\}$ par la fonction e. Une solution parmi d'autres, est de choisir simplement une géométrie rectangulaire pour ce polyèdre, qu'on note $Rect_i$. Suite à ce choix, on présente dans la suite deux techniques pour identifier le rectangle $Rect_i$.

∗ La première consiste simplement à calculer le plus petit pavé (ou hyperrectangle), dont les arêtes sont parallèles aux axes du système, contenant le nuage des points $\{y^1, ..., y^p\}$. Cette représentation présente l'avantage d'être simple à manipuler.

La figure 4.3 illustre le cas d'enveloppe hyperrectangulaire en dimension 2.

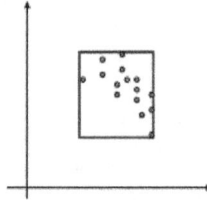

FIG. 4.3 – Enveloppe hyperrectangulaire.

∗ La seconde découle du constat que le choix d'un hyperrectangle enveloppant les sommets $\{y^1, ..., y^p\}$ n'est pas judicieux. En effet, cette technique d'enveloppement conduit généralement à un résultat peu précis pour l'approximation de $Rect_i$. Pour raffiner cette approximation, on a fait appel aux rectangles orientés qui ne sont plus orientés suivant les axes du système de coordonnées initial, mais de façon à ce que l'ajustement des sommets $\{y^1, ..., y^p\}$ soit le meilleur possible. Le calcul du meilleur rectangle orienté $Rect_i$ est basé sur une forme d'analyse en composantes principales [43] qui permet de déterminer les vecteurs normaux aux facettes de ce rectangle à partir d'une décomposition en valeurs singulières. Cet algorithme prend en particulier en compte le cas dégénéré où les points sont alignés comme l'illustre la figure 4.4 en dimension 2.

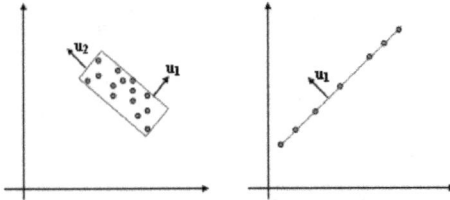

FIG. 4.4 – Enveloppes rectangulaires orientées.

Après l'ajustement, par le domaine $Rect_i$, de l'erreur sur un nuage de points défini par les sommets de la grille Gr_h, on procède au calcul du domaine U_i pour l'ensemble des points de Ω_i. Ce calcul est basé sur le théorème 4.2.

Théorème 4.2 *Si la fonction non-linéaire f est de classe $\mathcal{C}^1$ sur Ω_i et s'il existe une matrice carrée $M_i \in \mathcal{M}_n(\mathbb{R})$ telle que :*

$$\forall \, j, k = 1, ..., n, \; \forall \, x \in \Omega_i, \; | \, J_{j,k}(x) \, | \; = \; | \, \tfrac{\partial e_j(x)}{\partial x_k} \, | \; \leq \; M_{i_{j,k}}$$

Alors on a : $\forall \, x \in \Omega_i, \; \exists \, \hat{x} \in \Omega_i$ tel que,

$$\forall \; j = 1, ..., n, \; |e_j(x) - e_j(\hat{x})| \; \leq \; \Big(\sum_{k=1}^{k=n} M_{i_{j,k}} \Big) . \tfrac{h}{2}$$

et donc

$$\| \, e(x) - e(\hat{x}) \, \|_\infty \leq \max_{j \in [1, ..., n]} \Big(\sum_{k=1}^{k=n} M_{i_{j,k}} \Big) . \tfrac{h}{2}$$

Preuve: Soient x un point de Ω_i et Gr_h une grille, créée sur Ω_i, de pas h aussi petit que l'on veut. Choisissons $\hat{x} \in \Omega_i$, le sommet de Gr_h le plus proche de x. Suite à ce choix, comme illustré sur la figure 4.5, il facile de montrer que

$\forall \, j = 1, ..., n$

$$|x_j - \hat{x}_j| \; \leq \; \frac{h}{2} \tag{4.11}$$

Vu que la fonction erreur e est supposée de classe $\mathcal{C}^1$ sur Ω_i, il est possible d'appliquer le théorème 4.1 pour chaque composante de la fonction e, c'est-à-dire

$\forall \, j = 1, ..., n, \exists \, c \in \,]x, \hat{x}[\; ^{(3)}$

$^{(3)} \forall \, k = 1, ..., n, \; c_k \in]x_k, \hat{x}_k[$

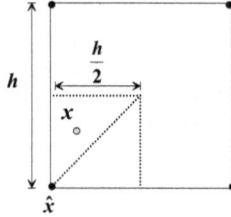

FIG. 4.5 – choix de $\hat{x}$; le sommet le plus proche de x

$$e_j(x) - e_j(\hat{x}) = \sum_{k=1}^{k=n} J_{j,k}(c)(x_k - \hat{x}_k)$$

D'après les hypothèses du théorème 4.2 et l'équation (4.11), on déduit que
$\forall\, j = 1, ..., n.$

$$|e_j(x) - e_j(\hat{x})| \;\leq\; \sum_{k=1}^{k=n} M_{i_{j,k}}|x_k - \hat{x}_k| \;\leq\; (\sum_{k=1}^{k=n} M_{i_{j,k}})\frac{h}{2}$$

Finalement, on conclut que :

$$\| e(x) - e(\hat{x}) \|_\infty = \max_{j \in [1,...,n]} |e_j(x) - e_j(\hat{x})| \;\leq\; \max_{j \in [1,...,n]} (\sum_{k=1}^{k=n} M_{i_{j,k}}).\frac{h}{2}$$

■

A partir du théorème 4.2, on peut déduire le résultat suivant :

Proposition 4.1 *Le domaine U_i est un polyèdre, obtenu par élargissement des faces de $Rect_i$ d'une quantité $\varepsilon_i(h)$.*

$$U_i = Rect_i \oplus \mathrm{B}(0, \varepsilon_i(h))$$

avec

$$\varepsilon_i(h) = \max_{j \in [1,...,n]} (\sum_{k=1}^{n} M_{i_{j,k}}) \frac{h}{2}$$

où, $\mathrm{B}(0, \varepsilon_i(h)) = \{x \in R^n \;/\; \| x \|_\infty \leq \varepsilon_i(h)\}$ est la boule de centre 0 et de rayon $\varepsilon_i(h)$, et le symbole $\oplus$ représente la somme de Minkowski [83].

Preuve: On se donne une grille Gr_h de pas h et de sommets $\{x^1, ..., x^p\}$, créée sur Ω_i.
D'après le théorème 4.2, $\forall\, x \in \Omega_i$, $\exists$ un sommet $\hat{x} \in \{x^1, ..., x^p\}$ tel que,

$$\| e(x) - e(\hat{x}) \|_\infty \leq \max_{j \in [1,...,n]} (\sum_{k=1}^{k=n} M_{i_{j,k}}).\frac{h}{2}$$

comme $e(x) = e(\hat{x}) + (e(x) - e(\hat{x}))$ avec $e(\hat{x}) \in Rect_i$ on a :

$$U_i = Rect_i \oplus \mathrm{B}(0, \varepsilon_i(h))$$

■

Remarque 4.1 *Dans le théorème 4.2, le jacobien du champ de vecteurs non-linéaire f est considéré borné par une matrice M_i ce qui permet de calculer la constante $\varepsilon_i(h)$. Cependant, dans la pratique, le calcul de cette matrice peut s'avérer délicat.*

Dans notre approche de l'analyse d'atteignabilité, il est conseillé d'avoir un domaine d'incertitude avec un minimum de sommets. C'est pourquoi, après l'identification de U_i, on peut procéder à une sur-approximation conservative de ce dernier pour réduire le nombre de ses sommets.

Sur-approximation du domaine d'incertitude U_i

On se donne le rectangle orienté $Rect_i$ ainsi que ses sommets $\{s^1, ..., s^{2^n}\}$. Pour chaque sommets s^k, on identifie les sommets de la boule $\mathrm{B}(s^k, \varepsilon_i(h))$, qu'on note $\{s^{k,1}, ..., s^{k,2^n}\}$. Ensuite, on calcule le rectangle orienté enveloppant le nuage de points
$\{s^{1,1}, ..., s^{1,2^n}, ..., s^{k,1}, ..., s^{k,2^n}, ..., s^{2^n,1}, ..., s^{2^n,2^n}\}$, qu'on note $\widehat{U}_i$.

En dimension $n \geq 2$, le domaine d'incertitude $\widehat{U}_i$ a exactement 2^n sommets. La figure 4.6 illustre, en dimension 2, la construction du domaine $\widehat{U}_i$, sur-approximation du domaine U_i.

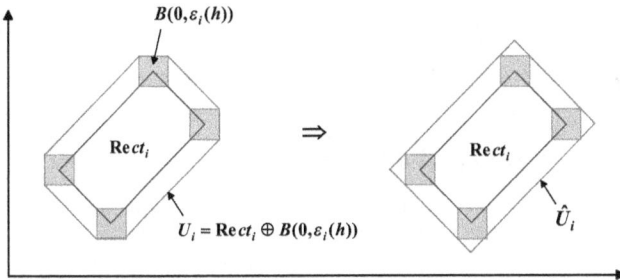

FIG. 4.6 – Sur-approximation du domaine d'incertitude U_i en dimension 2

Remarque 4.2 *Dans cette approche de l'analyse d'atteignabilité, pour ne pas augmenter la sur-approximation de l'espace atteignable, il est préférable que le rectangle d'incertitude (ou perturbation) U_i soit petit. Par conséquent, en faisant l'hypothèse que h est suffisamment petit pour que $\varepsilon_i(h)$ le soit aussi, le domaine U_i (ou $\widehat{U}_i$) reste de qualité tout à fait correcte par rapport à $Rect_i$.*

L'algorithme (4.4.1) décrit les étapes d'identification du domaine d'incertitude $\widehat{U}_i$ sur Ω_i.

Algorithme 4.4.1 (Calcul de $\widehat{U}_i$)

- **_Données_ :**   - *La fonction non-linéaire f.*
  - *Le pavé Ω_i.*
  - *Un modèle de régression linéaire $f_i(x) = A_i x + b_i$.*
  - *Un pas h.*
- **_Résultats_ :**   - *Un domaine d'incertitude hyperrectangulaire $\widehat{U}_i$.*

Squelette de l'algorithme

1. Calcul de M_i, la matrice qui borne le jacobien de la fonction erreur, $x \rightarrow e(x) = f(x) - A_i x - b_i$, sur Ω_i.

2. Création de Gr_h, une grille de pas h et de sommets $\{x^1, ..., x^p\}$.

3. Calcul de $\{y^1, ..., y^p\} = e(\{x^1, ..., x^p\})$.

4. Calcul de $\varepsilon_i(h) = \max_{j \in [1, ..., n]} \left(\sum_{k=1}^{k=n} M_{i_{j,k}} \right) \frac{h}{2}$

5. Calcul de $Rect_i$, l'hyper-rectangle orienté enveloppant le nuage de points $\{y^1, ..., y^p\}$.

6. Calcul de $U_i = Rect_i \oplus \mathrm{B}(0, \varepsilon_i(h))$.

7. Calcul de $\widehat{U}_i$, une sur-approximation de U_i.

4.5   Analyse d'atteignabilité locale

Le calcul d'atteignabilité global sur le domaine Ω est constitué d'une succession de calculs sur différents éléments du maillage. Les sections précédentes ont montré comment est déterminé le modèle affine avec incertitudes associé à chacun de ces éléments. L'objectif de cette section est de définir un algorithme permettant de calculer l'espace atteignable local, $Att_i(P_i)$, dans un élément Ω_i du maillage à partir d'un polytope P_i.

4.5.1   Principe général

Une première version de cet algorithme est constituée des trois étapes :

1. la première consiste à approximer, sur Ω_i, le champ de vecteurs non-linéaire f par un champ de vecteurs linéaire f_i :

$$x'(t) = f_i(x(t)) = A_i x(t) + b_i, \quad x(t) \in \Omega_i \tag{4.12}$$

2. la deuxième consiste à déterminer le domaine d'incertitudes comme on vient de le voir dans la section précédente :

$$x'(t) = f_i(x(t)) = A_i x(t) + b_i + u(t) \tag{4.13}$$

où $x(t) \in \Omega_i$ et $u(t) \in U_i$: Polyèdre.

3. après identification des paramètres A_i, b_i et U_i de l'équation (4.13), la troisième et dernière étape consiste à calculer $Att_i(P_i)$, l'espace atteignable à partir de la région initiale P_i. Pour

cela, on fait appel aux technique d'analyse d'atteignabilité des systèmes hybrides linéaires soumis à des perturbations exposées dans le chapitre précédent.

4.5.2 Exemple illustratif

On se donne un système hybride de dimension 2 dont la dynamique continue est régie par l'équation différentielle non-linéaire suivante :

$$x' = f(x_1, x_2) = \left\{ \begin{array}{l} x_2 - x_1 + (x_1 - 1,85)^2 \\ x_2 - x_1^3 + 3x_1 \end{array} \right. \quad , \text{ avec } x_0 = \left(\begin{array}{c} -3 \\ 0 \end{array} \right). \tag{4.14}$$

Un exemple de trajectoire (ou solution) est représenté sur la figure 4.7. La valeur initiale de

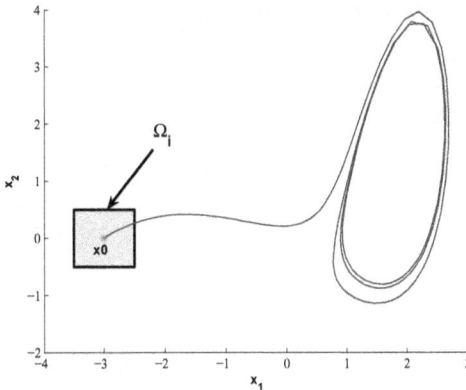

FIG. 4.7 – Exemple de trajectoire

cette solution est choisie en x_0, et l'intervalle d'intégration temporelle est $[0, 10]$.

Le domaine considéré est un carré Ω_i centré en x_0 et de taille $l_i = 1$, dans lequel on mènera l'analyse d'atteignabilité à partir de la région initiale $P_i = x_0$.

Pour approcher, sur Ω_i, le champ de vecteurs f par un modèle de régression linéaire $f_i(x) = A_i x + b_i$, nous avons créé une grille Gr_{h_1}, de pas $h_1 = \frac{l_i}{5}$. En utilisant le nuage de points formé par les 25 sommets de Gr_{h_1}, nous avons pu identifier les paramètres A_i et b_i :

$$A_i = \left(\begin{array}{cc} -10.7000 & 1.0000 \\ -24.2020 & 1.0000 \end{array} \right), \text{ et } b_i = \left(\begin{array}{c} -5.4608 \\ -53.5560 \end{array} \right)$$

Après l'identification des paramètres A_i et b_i, nous avons procédé au calcul du domaine d'incertitude U_i. Pour ce faire, nous avons, tout d'abord, calculé M_i, la matrice qui borne le jacobien de la fonction erreur e sur Ω_i.

$$M_i = \left(\begin{array}{cc} 3.0000 & 0.0000 \\ 6.5480 & 0.0000 \end{array} \right)$$

Puis, nous avons créé une deuxième grille Gr_{h_2}, de pas $h_2 = \frac{l_i}{100}$. En utilisant le nuage de points, formé par les 10201 sommets de Gr_{h_2}, nous avons calculé l'hyperrectangle orienté $Rect_i$ dont les sommets sont définis par les colonnes de la matrice suivante :

$$\begin{pmatrix} -0.1205 & -0.1128 & 0.1318 & 0.1394 \\ -1.0507 & -1.0515 & 1.2242 & 1.2233 \end{pmatrix}$$

Ensuite, en utilisant le théorème 4.2 ainsi que la proposition 4.1, nous avons calculé un majorant de l'erreur d'approximation

$$\varepsilon_1(h_2) = 0.0477$$

et finalement les sommets de l'hyperrectangle $\widehat{U}_i$

$$\begin{pmatrix} -0.1787 & -0.0662 & 0.0852 & 0.1976 \\ -1.0973 & -1.1097 & 1.2824 & 1.2699 \end{pmatrix}$$

Remarque 4.3 *Vu la faible valeur de $\varepsilon_i(h_2)$, il n'y a pas une grande différence entre $Rect_i$ et $\widehat{U}_i$*

La figure 4.8 illustre, l'ajustement par l'hyperrectangle orienté $Rect_i$ du nuage des points images des sommets de la grille Gr_{h_2} par la fonction erreur, et le domaine d'incertitude U_i.

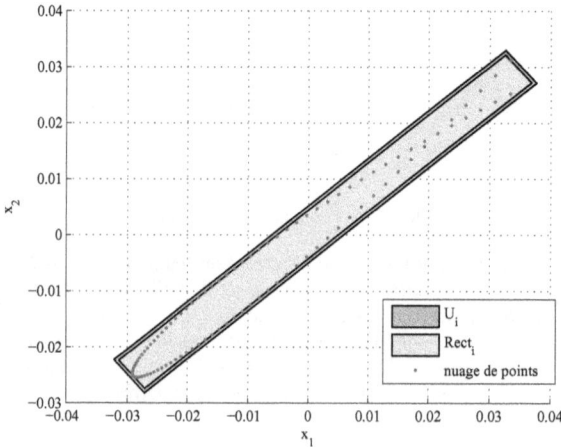

FIG. 4.8 – Calcul de $Rect_i$ et U_i

Remarque 4.4 *La figure 4.8 confirme bien l'énorme avantage d'utiliser les hyper-rectangles orientés au lieu des pavés classiques pour ajuster un nuage de points.*

Après l'identification des paramètres A_i, b_i et U_i, on peut procéder au calcul de l'espace atteignable à partir d'un point x_0. Le modèle linéaire incertain obtenu est le suivant :

$$x' = Ax + b, \quad \text{avec } A = A_i \text{ et } b \in b_i + U_i \tag{4.15}$$

L'espace atteignable à partir d'un point x_0 est illustré sur la figure 4.9.

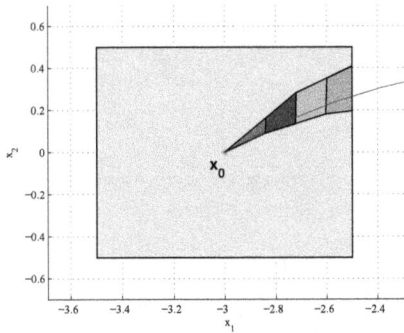

FIG. 4.9 – Espace atteignable local à partir de x_0

4.5.3 Raffinement de la sur-approximation de l'espace atteignable local

Dans la procédure de calcul de l'espace atteignable global (voir section 4.6), le résultat du calcul sur une maille est utilisé comme un point de départ dans les mailles suivantes. Il est donc intéressant d'améliorer si on le peut ce résultat en raffinant l'approximation linéaire. En effet, cette dernière est calculée pour l'ensemble de la maille alors que seule une partie de celle-ci est atteignable.

Par exemple, les points figurant sur la figure 4.10 représentent les sommets de l'espace atteignable de l'exemple 4.5.2. Ces sommets sont répartis de part et d'autre de la trajectoire réelle, il est donc intéressant de les utiliser afin de calculer un nouveau modèle de régression linéaire mieux adapté au voisinage de la trajectoire.

En utilisant le nuage de points défini par les sommets de $Att_i(x_0)$, nous avons re-calculé le modèle de régression linéaire $f_i(x) = A_i x + b_i$. Ensuite, nous avons utilisé ce nouveau modèle pour re-calculer le domaine d'incertitude U_i conduisant aux résultats suivants :

– Les paramètres A_i et b_i,

$$A_i = \begin{pmatrix} -10.0946 & 0.8408 \\ -18.8843 & -0.3075 \end{pmatrix}, \text{ et } b_i = \begin{pmatrix} -3.7748 \\ -38.7638 \end{pmatrix}$$

– Les sommets de l'hyper-rectangle orienté $Rect_i$,

$$\begin{pmatrix} 0.0266 & 0.0251 & -0.0601 & -0.0585 \\ 0.2141 & 0.2143 & -0.4903 & -0.4905 \end{pmatrix}$$

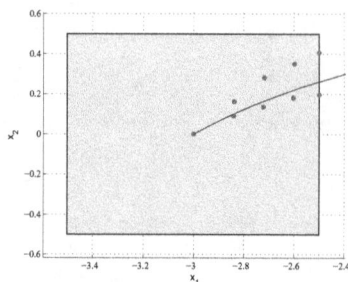

FIG. 4.10 – Sommets de l'espace atteignable local

– La quantité $\varepsilon_i(h_2) = 0.0809$.
– Les sommets de l'hyper-rectangle U_i,

$$\begin{pmatrix} 0.1268 & -0.0535 & -0.1603 & 0.0200 \\ 0.2926 & 0.3144 & -0.5688 & -0.5906 \end{pmatrix}$$

Sur la figure 4.11, nous avons représenté le résultat précédent $Att_i(x_0)$ (en blanc) ainsi que le nouveau résultat issu du raffinement (en gris). En comparant les deux ensembles, il peut s'avérer important d'utiliser cette technique de raffinement dans la procédure d'analyse d'atteignabilité.

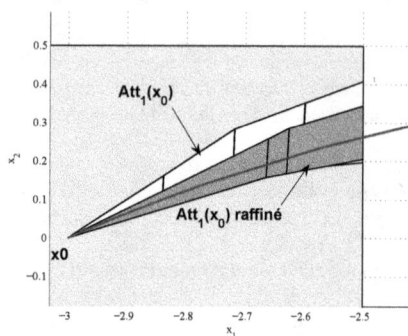

FIG. 4.11 – Raffinement de l'espace atteignable local

L'algorithme (4.5.1) est une adaptation du principe général de l'atteignabilité locale prenant en compte le raffinement du modèle linéaire en fonction de l'espace atteignable local $Att_i(x_0)$. Dans l'absolu il faut avoir un critère d'arrêt du raffinement. Le test sur la quantité définie par la différence du volume de $Att_i(x_0)$ après le raffinement avec le volume de $Att_i(x_0)$ avant le raffinement pourrait bien sûr être choisi comme un critère d'arrêt de raffinement, mais malheureusement, son calcul ne justifie pas la complexité de sa mise en oeuvre. Pour l'instant le choix d'un critère adéquat reste un point à développer. Dans la suite, le nombre de raffinements est donné a priori.

Algorithme 4.5.1 (Calcul de l'espace atteignable local)

- **_Données_** :   - La maille Ω_i.
  - La fonction non-linéaire f.
  - Le nombre de raffinement N_{raff}, fixé a priori.
  - Un pas h.
- **_Résultats_** :   - L'espace $Att_i(P_i)$ raffiné.

Initialisation

- Calcul de la matrice M_i ;

$$\forall\; j,k \in [1,...,n],\;\; M_{i_{j,k}} := \sup_{x \in \Omega_i}\left(\frac{\partial e_j(x)}{\partial x_k}\right)$$

- Calcul de $\varepsilon_i(h) := \max_{j \in [1,...,n]}\left(\sum_{k=1}^{k=n} M_{i_{j,k}}\right)\frac{h}{2}$.
- $R_1 := \Omega_i$;

Boucle principale

pour $k = 1...N_{\text{raff}} + 1$ **_faire_**
  1. Linéarisation par régression linéaire sur un nuage de points $\{x^1,...,x^p\}$ du domaine R_k.

  2. Calcul du domaine d'incertitude U_i (cf. algorithme 4.4.1).

  3. Calcul d'atteignabilité $Att_i(P_i)$ (cf. algorithme 3.4.1).

  4. Ré-initialisation $R_{k+1} := Att_i(P_i)$.
fin

4.6 Espace atteignable global

Les sections précédentes ont permis de présenter la démarche du calcul d'atteignabilité locale c'est-à-dire sur un domaine $\Omega_i \in \Omega$ sur lequel est linéarisée la fonction non-linéaire. Le calcul de l'espace atteignable global repose sur l'itération de tels calculs pour les différents éléments du maillage. Les points restant à préciser pour définir complètement l'algorithme global concernent le choix des éléments du maillage et la détermination des éléments successeurs suite au calcul local dans une maille.

Comme la méthode de régression linéaire retenue n'impose aucune contrainte sur la géométrie de Ω_i, nous allons choisir, dans la suite de ce document, un maillage en pavé de Ω pour approcher le champ de vecteurs f.

On cherche à calculer l'espace atteignable, $Att(P_{init})$, à partir de la région P_{init}. Les éléments du maillage initialement pris en compte sont donc ceux qui ont une intersection non nulle avec P_{init}. Comme il n'existe pas de contrainte sur le choix du maillage, on s'efforcera de le choisir tel que la région P_{init} soit incluse dans une seule maille.

A partir de la région d'entrée, ZE_i, dans chacune des mailles actives [4] Ω_i, on calcule l'espace atteignable localement $Att_i(ZE_i)$ dans la maille correspondante. On itère alors le calcul sur les mailles successeurs c'est-à-dire celles qui ont une intersection non vide avec l'espace atteignable $Att_i(ZE_i)$. De plus, il est possible de se restreindre aux mailles Ω_j qui ont intersection non réduite à un point avec Ω_i (voir figure 4.12).

On répète cette procédure jusqu'à la validation d'un test d'arrêt (par exemple, jusqu'à l'obtention d'un espace atteignable global invariant).

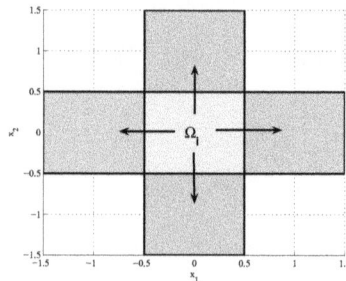

FIG. 4.12 – Successeurs possibles de Ω_i en dimension 2

4.6.1   Synthèse de la démarche

A partir de la connaissance du champ de vecteurs non-linéaire f, de l'invariant Inv et d'une région initiale P_{init} il est possible de calculer l'espace atteignable global $Att(P_{init})$. La mise en oeuvre de ce calcul nécessite la donnée de quatre constantes :
- l, la taille des pavés Ω_i.
- h_1, un pas pour construire, sur chaque pavé Ω_i, une grille Gr_{h_1} support pour calculer le modèle de la regression linéaire, f_i, du champ de vecteurs non-linéaire f.
- h_2, un deuxième pas pour construire, sur chaque pavé Ω_i, une deuxième grille Gr_{h_2} support pour identifier le domaine d'incertitude U_i.
- N_{raff} le nombre de raffinement de chaque espace atteignable local.

Les étapes du calcul de $Att(P_{init})$ sont exprimées par l'algorithme 4.6.1. La variable PA (resp. ZE) représente l'ensemble des pavés actifs, c'est-à-dire, les pavés Ω_i sur lesquels on procède au

---

[4]Initialisée à l'intersection de P_{init} avec Ω_i.

calcul de l'espace atteignable local (resp. l'ensemble des zones d'entrée ZE_i dans chaque pavé $\Omega_i \in$ PA).

Algorithme 4.6.1 (Calcul de l'ensemble $Att(P_{init})$)

- **_Données_ :**   - *Le domaine invariant Inv.*
    - *Le domaine Ω.*
    - *Le champ de vecteurs non-linéaire f.*
    - *La région initiale P_{init}.*
- **_Résultats_ :**   - *L'espace atteignable global $Att(P_{init})$.*

$*$ *Les constantes l_i, h_1, h_2, N_{raff} sont données a priori.*

Initialisation

$*$ $PA = \{\Omega_i \mid ZE_i = \Omega_i \cap P_{init} \neq \emptyset\}$ *et* $ZE = \{ZE_i\}$
$*$ $SuccPA = \varnothing$ *et* $SuccZE = \varnothing$.
$*$ $Att(P_{init}) = \varnothing$.

Squelette de l'algorithme

tant que PA $\neq \varnothing$ **faire.**
  pour $i = 1, ..., cardinal(PA)$ **faire.**
    1. *Calcul de $Att_i(ZE_i)$ (cf. algorithme 4.5.1),*

    2. *Calcul des successeurs $(\Omega_{i'}, ZE_{i'})_{i' \in I'} := Succ((\Omega_i, ZE_i))$*

    3. *Mise à jour,*
       $\diamond$ *insérer $(\Omega_{i'})_{i' \in I'}$ dans* SuccPA;
       $\diamond$ *insérer $(ZE_{i'})_{i' \in I'}$ dans* SuccZE;
       $\diamond$ $Att(P_{init}) := Att(P_{init}) \cup Att_i(P_i)$;
  fin
    $\diamond$ PA := SuccPA; ZE := SuccZE; SuccPA := $\varnothing$; SuccZE := $\varnothing$;
fin

4.6.2   Exemple

Reprenons l'exemple 4.1. En plus des données définies précédemment, nous avons supposé que le domaine invariant, Inv, est défini par les contraintes suivantes :

$$Inv : \begin{pmatrix} 0 & -5 \\ 4 & -5 \end{pmatrix} x \leq \begin{pmatrix} 2 \\ -16 \end{pmatrix}$$

D'autre part, nous avons fixé la taille $l = 0.5$ pour chaque élément Ω_i du maillage et choisi les deux pas $h_1 = \frac{l}{5}$ et $h_2 = \frac{l}{100}$.

Présentons maintenant les premiers résultats issus de l'application de l'algorithme 4.6.1 sur cet exemple :

– Tout d'abord, nous avons calculé le premier pavé, Ω_1 contenant la région d'entrée $ZE_1 = x_0$.

$$\Omega_1 = Rect \begin{pmatrix} -0.2500 & 0.2500 & 0.2500 & -0.2500 \\ -0.2500 & -0.2500 & 0.2500 & 0.2500 \end{pmatrix}$$

– Puis nous avons identifié les paramètres A_1, b_1, $Rect_1$, ε_{h_2}, U_1 nécessaires au calcul de la sur-approximation, $Att_1(ZE_1)$, de l'espace atteignable sur Ω_1.

$$A_1 = \begin{pmatrix} -0.0000 & 1.0000 \\ -1.0000 & 0.0000 \end{pmatrix} \text{ et } b_1 = \begin{pmatrix} 1.0000 \\ 1.0292 \end{pmatrix}$$

$$Rect_1 = Rect \begin{pmatrix} 0.0544 & 0.0625 & -0.0608 & -0.0689 \\ -0.0357 & 0.0333 & 0.0477 & -0.0213 \end{pmatrix}$$

et

$$U_1 = Rect \begin{pmatrix} 0.0498 & 0.0578 & -0.0655 & -0.0735 \\ -0.0298 & 0.0392 & 0.0536 & -0.0155 \end{pmatrix}$$

avec

$$\varepsilon_{h_2} = 0.0053$$

– Ensuite nous avons procédé au raffinement de l'ensemble $Att_1(P_1)$. En outre, nous avons utilisé le nuage de points défini par les sommets de $Att_1(ZE_1)$ pour reidentifier les paramètres A_1, b_1. Ainsi, nous avons procédé à nouveau au calcul des ensembles $Rect_1$, U_1 et l'espace $Att_1(ZE_1)$.

$$A_1 = \begin{pmatrix} 0.0901 & 1.1778 \\ -1.0669 & 0.3376 \end{pmatrix} \text{ et } b_1 = \begin{pmatrix} 0.9900 \\ 0.9901 \end{pmatrix}$$

$$Rect_1 = Rect \begin{pmatrix} -0.0114 & -0.0085 & 0.0115 & 0.0086 \\ -0.0083 & -0.0112 & 0.0084 & 0.0113 \end{pmatrix}$$

et

$$U_1 = Rect \begin{pmatrix} -0.0202 & -0.0174 & 0.0026 & -0.0002 \\ -0.0083 & -0.0112 & 0.0085 & 0.0114 \end{pmatrix}$$

avec

$$\varepsilon_{h_2} = 0.0063$$

La figure 4.13 illustre les résultats du calcul de l'espace atteignable local $Att_1(ZE_1)$, sur Ω_1, avant et après raffinement.

Remarque 4.5 *Il est intéressant de signaler l'apport de cette phase de raffinement. En effet, elle nous a permis de ne considérer qu'un seul successeur au pavé Ω_1 au lieu de deux successeurs (voir figure 4.13 (a) et (b)). De plus, elle a entraîné une nette amélioration de la sur-approximation de l'espace atteignable local (voir figure 4.13(c)).*

– A ce stade, $Att(x_0) = Att_1(ZE_1)$. Après l'analyse d'atteignabilité locale dans Ω_1, on cherche les successeurs possibles de (Ω_1, ZE_1).

$$(\Omega_{i'}, ZE_{i'})_{i' \in I'} := Succ((\Omega_1, ZE_1))$$

La figure 4.13(b) confirme l'existence d'un seul successeur possible, (Ω_2, ZE_2), de (Ω_1, ZE_1). ZE_2 est un polytope dont les sommets sont définis par les colonnes de la matrice suivante (notée aussi ZE_2).

$$ZE_2 = \begin{pmatrix} 0.2500 & 0.2500 \\ 0.1679 & 0.2370 \end{pmatrix} \text{ et } \Omega_2 = Rect \begin{pmatrix} 0.2500 & 0.7500 & 0.7500 & 0.2500 \\ -0.2500 & -0.2500 & 0.2500 & 0.2500 \end{pmatrix}$$

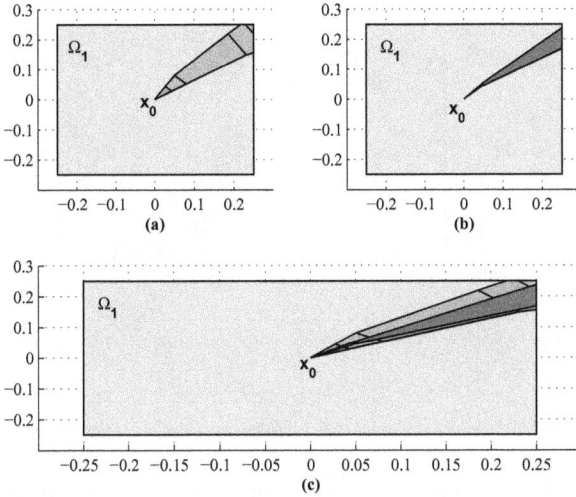

FIG. 4.13 – Sur-approximation de l'espace atteignable local avant raffinement (a), après raffinement (b). (c) Comparaison des deux sur-approximations.

– On réitère l'analyse d'atteignabilité sur le nouveau pavé Ω_2 à partir de ZE_2.

Sur la figure 4.14, nous avons représenté les deux premiers pas de l'analyse d'atteignabilité globale.

Il reste donc à poursuivre l'analyse d'atteignabilité jusqu'à la validation du test d'arrêt. Une illustration de l'application de l'algorithme 4.6.1 est montrée sur la figure 4.15.

4.6.3   Conclusion

Ce chapitre détaille la construction d'une approche permettant de mener l'analyse d'atteignabilité sur un système hybride décrit par des dynamiques non-linéaires.

Nous avons proposé en premier lieu une approximation du champ de vecteurs non-linéaire f par le biais d'une discrétisation de l'espace d'état par un maillage sur lequel on calcule localement des approximations affines du champ de vecteurs f. La détermination de ces approximations doit être suffisamment élaborée afin d'obtenir un modèle réaliste qui préserve les caractéristiques fondamentales du système initial mais aussi suffisamment simple pour permettre sa mise en oeuvre algorithmique pour l'analyse d'atteignabilité.

Après une étude statistique nous avons opté pour le modèle de régression linéaire pour approximer localement le champ de vecteurs f. Ensuite, nous avons calculé localement, par le biais d'une idée qui découle du théorème des accroissement finis, le domaine d'incertitude. Le champ de vecteurs f est alors approximé localement (sur chaque élément du maillage) par un champ de vecteurs affine avec incertitudes.

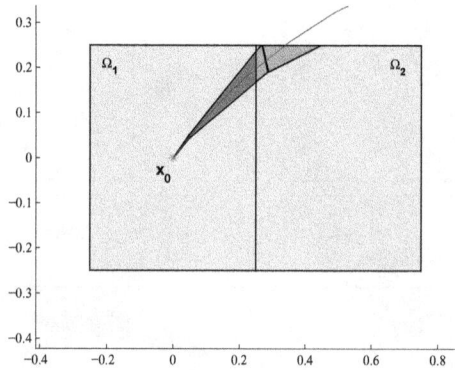

FIG. 4.14 – Les deux premiers pas du calcul de l'espace atteignable global

Cette approche permet d'obtenir une sur-approximation de l'espace atteignable par une dynamique non-linéaire de la forme d'une union de polyèdres. Basée sur des abstractions, elle conduit à des sur-approximations importantes mais sous une forme simple puisque l'espace atteignable est caractérisé par un nombre restreint de polyèdres et donc de contraintes ce qui se révèle intéressant lorsqu'on utilise le résultat du calcul d'atteignabilité.

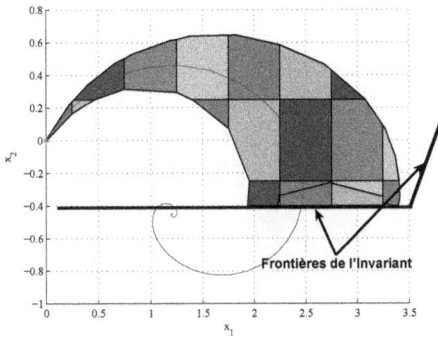

FIG. 4.15 – l'espace atteignable global

Chapitre 5

Conclusions et perspectives

5.1 Conclusions

La vérification formelle des propriétés de sûreté est l'un des principaux enjeux des systèmes dynamiques hybrides. Un outil de base important pour mener à bien cette vérification est le calcul de l'espace atteignable, c'est-à-dire l'ensemble des points pour lesquels il existe une trajectoire du système les visitant.

Malheureusement, la mise en oeuvre de la vérification de ces propriétés par le biais d'une analyse d'atteignabilité est contrainte par le problème théorique de non-décidabilité. On ne peut alors espérer qu'obtenir des sur-approximations de l'espace atteignable permettant de conclure quant au respect des propriétés considérées.

Plusieurs approches ont été proposées dans la littérature afin de calculer une sur-approximation de l'espace atteignable, mais il est rare d'avoir à la fois une mise en oeuvre *simple* et un résultat de *bonne* qualité (ou précision). Ceci est en particulier vrai quand la dynamique continue du système hybride est non triviale (dynamique avec incertitudes ou dynamique non-linéaire par exemple).

Les approches développées dans cette thèse ont permis de calculer de manière simple une sur-approximation de l'espace atteignable sur des systèmes non triviaux, sans toutefois avoir des résultats trop pessimistes. Elles s'inscrivent dans le prolongement des travaux réalisés autour de la vérification de propriétés de sûreté des systèmes affines et sans incertitudes (cf. [75, 56]).

Dans le deuxième chapitre de cette thèse, nous avons rappelé les notions de systèmes hybrides ainsi que la vérification de propriétés. Ensuite, nous avons présenté la problématique de la vérification formelle de propriétés des systèmes hybrides. Une mise en perspective de ces avancées récentes a été proposée. Au travers de cette présentation, nous avons mentionné entre autres qu'il est possible de conclure quant au respect des propriétés de sûreté par le biais d'une analyse d'atteignabilité.

Dans le troisième chapitre, nous nous sommes intéressés à l'analyse d'atteignabilité des systèmes affines avec incertitudes. Deux approches ont été proposées. Ces approches sont basées sur une proposition précédente permettant, en utilisant des propriétés structurelles du système, de caractériser un comportement simplifié d'une dynamique affine complètement connue (sans incertitudes) induisant par la suite un calcul direct et simple de l'espace atteignable.

Des extensions de cette approche ont été abordées afin de mener une analyse d'atteignabilité sur des systèmes affines avec incertitudes. Deux approches de calcul d'atteignabilité ont été proposées.

La première approche permet de mener l'analyse d'atteignabilité sur des systèmes affines avec incertitudes bornées et fixes dans le temps. Cette approche consiste à appliquer l'approche de base à un nombre fini de valeurs du paramètre d'incertitude judicieusement choisies.

La deuxième approche élargit la première puisque l'incertitude est dans ce cas considérée bornée et variante. L'abstraction globale est déduite de l'abstraction associée à chaque valeur extrême du domaine d'incertitude. L'espace d'état est alors partitionné en cellules sur lesquelles la dynamique du système est simplifiée par une inclusion différentielle. Cette abstraction nous a permis de calculer de manière simple une sur-approximation de l'espace atteignable global.

Dans le quatrième chapitre, nous avons abordé le problème du calcul d'atteignabilité sur des systèmes non-linéaires. Nous avons montré comment les techniques développées pour les systèmes affines avec incertitudes pouvaient être utilisées pour mener à bien ce calcul.

5.2 Perspectives

Au travers des différentes approches proposées, nous avons privilégié la simplicité du calcul et de l'expression du résultat. Ce choix a conduit dans certains cas à des sur-approximations importantes de l'espace atteignable, par contre le résultat obtenu est simplement caractérisé par un nombre restreint de polyèdres et donc de contraintes ce qui se révèle intéressant. La précision de ces résultats reste un point à développer.

Cependant, l'efficacité du calcul peut encore être améliorée en ne considérant que les frontières de l'espace atteignable ce qui permettrait de ne pas prendre en compte les cellules intérieures. Cette amélioration demande une modification des algorithmes pour intégrer la notion de frontière et son évolution. Dans le cas des systèmes non-linéaires, elle permettrait de plus d'améliorer la précision des résultats en restreignant le raffinement au voisinage de ces frontières.

Les implémentations des approches proposées dans ce manuscrit ont été réalisées en utilisant la bibliothèque MPT (The Multi-Parametric Toolbox) [84] sous Matlab. Ce choix a causé certaines difficultés liées essentiellement aux opérations de manipulation des polytopes "dégénérés" (une droite ou un point d'un espace de dimension supérieure ou égale à deux est considéré comme un polytope vide). Une piste permettant d'améliorer l'efficacité du calcul réside dans l'utilisation d'autres bibliothèques polyèdrales (Polylib [85], Parma [64]).

Les algorithmes présentés n'ont été implémentés qu'en dimension deux. Leur extension aux systèmes d'ordre plus élevé ne pose pas de problème de principe, par contre elle est principalement contrainte par la complexité du calcul liée aux dimensions des polyèdres manipulés, aux pseudo-compositions associées aux sommets du domaine d'incertitudes, à la dimension du système... Ici encore l'efficacité de l'implémentation constitue un défi intéressant pour la généralisation de ces approches.

Annexe

Annexe A

Polyèdres et polytopes : définitions

Cette annexe a été écrite d'après [86] [85].

A.1 Rappel sur les combinaisons

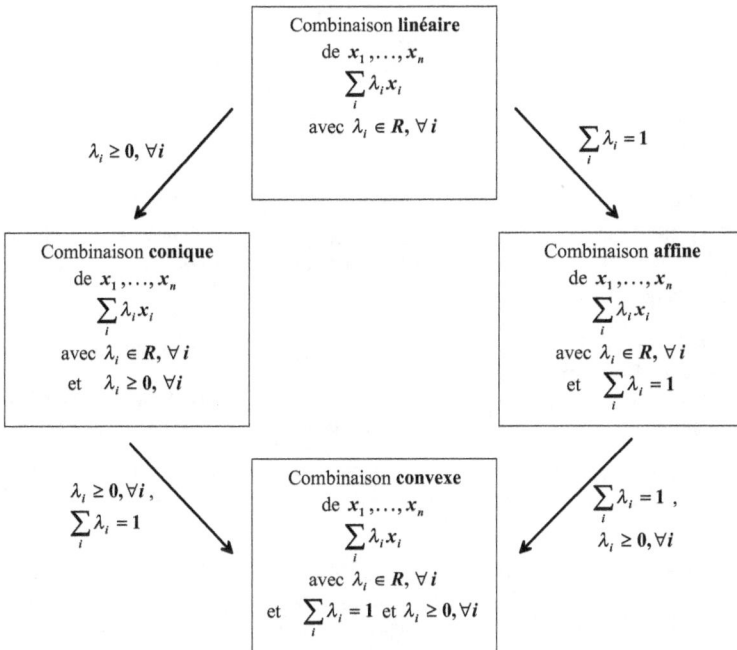

Combinaison **linéaire**
de $x_1, \ldots, x_n$
$$\sum_i \lambda_i x_i$$
avec $\lambda_i \in R, \forall i$

$\lambda_i \geq 0, \forall i$

$\sum_i \lambda_i = 1$

Combinaison **conique**
de $x_1, \ldots, x_n$
$$\sum_i \lambda_i x_i$$
avec $\lambda_i \in R, \forall i$
et $\lambda_i \geq 0, \forall i$

Combinaison **affine**
de $x_1, \ldots, x_n$
$$\sum_i \lambda_i x_i$$
avec $\lambda_i \in R, \forall i$
et $\sum_i \lambda_i = 1$

$\lambda_i \geq 0, \forall i,$
$\sum_i \lambda_i = 1$

$\sum_i \lambda_i = 1,$
$\lambda_i \geq 0, \forall i$

Combinaison **convexe**
de $x_1, \ldots, x_n$
$$\sum_i \lambda_i x_i$$
avec $\lambda_i \in R, \forall i$
et $\sum_i \lambda_i = 1$ et $\lambda_i \geq 0, \forall i$

A.2   Polyèdres et polytopes

Définition A.1 (Polyèdre) *Un ensemble $P \subseteq \mathbb{R}^n$ est appelé polyèdre si :*

$$P = \{x \in \mathbb{R}^n \mid Cx \geq d\} \text{ où la matrice } C \in \mathbb{R}^m \times n \text{ et le vecteur } d \in \mathbb{R}^m$$

Un polyèdre est donc l'intersection d'un nombre fini de demi-espaces fermés de la forme $H = \{x \mid c_i^T x \geq d_i\}$. Un polyèdre $P \subseteq \mathbb{R}^n$ est donc un ensemble convexe fermé. La figure A.1 illustre un exemple de polyèdre P dans le plan.

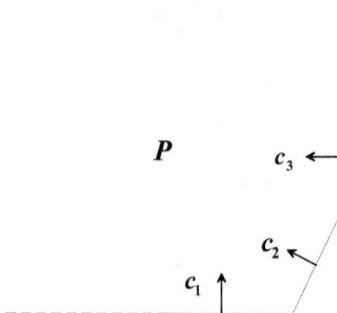

FIG. A.1 – Exemple d'un polyèdre P dans $\mathbb{R}^2$

La dimension d'un polyèdre est la dimension du plus petit sous-espace qui le contient.

Un hyperplan H_s est dit support ou face de P si l'un des espaces fermés délimités par H_s contient totalement P et qu'il existe au moins un vecteur de P qui appartient à H_s.

Si k est la dimension du polyèdre, on appelle :
   – *facette* de P, une face de dimension $k - 1$; elle contient k points affinement indépendants.
   – *arête* de P, une face de dimension 1 ; une arête non bornée correspond soit à une droite, soit à une demi-droite partant d'un sommet (extreme ray).
   – *sommet* de P, une face de P de dimension 0 ; un sommet correspond à un point extrême, ou point qui ne peut être représenté par une combinaison convexe de deux autres points.

Théorème A.1 *Soit $P = \{x \in \mathbb{R}^n \mid Cx \geq d\}$ un polyèdre, et $z \in P$. Alors z est un sommet de P si et seulement si $Rang(C_z) = n$, où C_z est la sous-matrice de C constituée des lignes c_i de C, pour lesquelles on a $c_i z = d_i$.*

La définition A.1 d'un polyèdre est dite implicite ; il existe une représentation paramétrique duale (caractérisation de Minkowski) définie à partir d'une combinaison convexe des sommets (colonnes de la matrice $\mathbf{S}$), d'une combinaison linéaire des droites (colonnes de $\mathbf{L}$) et linéaire positive des rays (colonnes de $\mathbf{R}$) :

$$P = \{x \mid x = \lambda\mathbf{S} + \mu\mathbf{R} + \nu\mathbf{L}, \text{ avec } \mu, \nu \geq 0 \text{ et } \sum \lambda = 1\}$$

Définition A.2 (Polytope) *Un polytope est un polyèdre bornée, c'est à dire s'il existe une constante K telle que :*

$$|x_i| < K \;\; \forall x \in P, \; \forall i \in [1, n]$$

Théorème A.2 *Soit $P = \{x \in \mathbb{R}^n \mid Cx \geq d\}$ un polytope non vide, alors P est égale à l'enveloppe convexe de tous ses sommets et tout point de P peut s'exprimer comme combinaison convexe de sommets de P.*

Autrement dit, si $S = \{z_1, z_2, ..., z_m\}$ l'ensembles de m sommets du polytope P, alors

$$P = conv(S) = \{x \mid x = \sum_{j=1}^{j=m} \lambda_j z_j, \; \lambda_j \geq 0, \; \sum_{j=1}^{j=m} \lambda_j = 1\}$$

Théorème A.3 ((Carathéodory)) *Si $P \subseteq \mathbb{R}^n$ est un polytope non vide, alors tout point de P peut s'exprimer comme combinaison convexe d'au plus $n + 1$ points extremes (ou sommets) de P.*

Théorème A.4 ((Fourier-Motzkin)) *L'enveloppe convexe d'un nombre fini de point de $\mathbb{R}^n$ est un polytope.*

Définition A.3 (Cône (polyèdral)) *Un cône (polyèdral) est un polyèdre ne possédant qu'un seul sommet.*

Sans perte de généralité, en supposant le sommet à l'origine, un cône pointé C est défini par :

$$C = \{x \mid Dx \geq 0\}, \; D \in \mathbb{R}^{m \times n}$$

Le *cône caractéristique* d'un polyèdre (ou cône de récession) défini par A.1 est le cône :

$$car.côneP = \{y \mid y + x \in P, \forall x \in P\} = \{y \mid Cy \geq 0\}$$

Le "linéality space" d'un polyèdre est le sous'espace de plus grande dimension contenu dans le polyèdre :

$$lin.spaceP = car.côneP = car.côneP \; \cap \; -car.côneP = \{y \mid Cy = 0\}$$

Si le "linéality space" d'un polyèdre est vide alors le polyèdre est pointé.

UN élément non nul d'un cône polyèdral $C \subseteq \mathbb{R}^n$ est un extreme ray s'il est solution de $n - 1$ contraintes linéairement indépendantes, et pour que le cône soit de dimension n, il suffit de n rays indépendants.

Théorème A.5 (Décomposition des polyèdres) *Un ensemble P est un polyèdre si et seulement si $P = \Pi + C$ ou Π est un polytope et $C = carcôneP$ est un cône (polyèdral).*

Égalité implicites

Une égalité $c^T x \geq \sigma$ provenant de l'ensemble d'inégalités définissant un polyèdre non vide $Cx \geq d$ est une égalité implicite si $c^T x = \sigma$ pour tous les x satisfaisant $Cx \geq d$.
En notant :

$C_e x \geq d_e$, le système des équations implicites de $Cx \geq d$, et,

$C_i x \geq d_i$, le système des autres inégalités de, $Cx \geq d$

on définit la dimension d'un polytope P comme étant la dimension du plus petit sous-espace linéaire le contenant, qui est donné par : $\{x \mid C_e x = d_e\}$. On a donc :

$$dim P = n - rang(C_e)$$

Le polyèdre P est de pleine dimension si sa dimension est égale n. En particulier P est de pleine dimension si et seulement si il n'existe aucune égalité implicite dans sa définition.

Table des figures

Liste des tableaux

Bibliographie

[1] Y. QUENEC'HDU, H. GUEGUEN et J. BUISSON, « Les systèmes hybrides : une nouvelle problématique ». In *Proceeding of ADPM'94 Symposium, Bruxelles, Belgique*, pages 1–8, 1994.

[2] M. BRANICKY, V.S. BORKAR et S.K. MITTER, « A unified framework for hybrid control : Model and optimal control theory ». In *IEEE Transaction on Automatic Control*, vol. 43, n°1, pages 31–45, 1998.

[3] A. BALLUCHI, L. BENVENUTI, G.M. MICONI, U. POZZI, T. VILLA, M.D. Di BENEDETTO, H. WONG-TOI et A.L. SANGIOVANNI-VINCENTELLI, « Maximal safe set computation for idle speed control of an automative engine ». In *Hybrid Systems : Computation and Control, LNCS 1790, HSCC2000* (B. KROGH et N. LYNCH (eds.)), pages 32–44, Springer, 2000.

[4] C. TOMLIN, J. LYGEROS et S. SASTRY, « Conflict resolution for air traffic management : A study in multi-agent hybrid systems ». In *IEEE Transaction on Automatic Control*, vol. 43, n°4, 1998.

[5] R. ALUR, R. GROSU, H. HUR, V. KUMAR et I. LEE, « Modular specification of hybrid systems in CHARON ». In *Hybrid Systems : Computation and Control, LNCS 1790, HSCC2000* (B. KROGH et N. LYNCH (eds.)), pages 6–19, Springer, 2000.

[6] S. KOWALEWSKI, O. STURSBERG, M. FRITZ, H. GRAF, J. PREUSSIG, S. SIMON et H. TRESELER, « A case study in tool-aided analysis of discretely controlled continuous systems : the two tanks problem ». In *Hybrid Systems : Computation and Control, LNCS 1567, HSCC2000* (P.J. ANTSAKLIS, W. KOHN, M. LEMMON, A.NERODE et S. SASTRY (eds.)), pages 163–185, Springer, 1999.

[7] G. LAFFERRIERE, G. J. PAPPAS et S. YOVINE, « A New Class of Decidable Hybrid Systems ». In *Hybrid Systems : Computation and Control : Second International Workshop, HSCC'99, LNCS 1569* (F. VAANDRAGER et J. van SCHUPPEN (eds.)), pages 137–151, Springer, 1999.

[8] R. ALUR, C. COURCOUBETIS, N. HALBWACHS, T. HENZINGER, P. HO, X NICOLLIN, A. OLIVERO, J. SIFAKIS et S. YOVINE, « The algorithmic analysis of hybrid systems ». *Theoretical Computer Science*, vol. 138, pages 3–34, 1995.

[9] G. Della PENNA, B. INTRIGILA, I. MELATTI, A. PARISSE, M. MINICHINO, E. CIANCAMERLA, E. TRONCI et M. Venturini ZILLI, « Automatic verification of a turbogas control system with the murφ verifier ». In *Hybrid Systems : Computation and Control : 6th International Workshop, HSCC 2003, Prague, Czech Republic, LNCS 2623* (O. MALER et A. PNUELI (eds.)), pages 141–155, Springer, april 2003.

[10] S. MITRA, Y. WANG, N. LYNCH et E. FERON, « Safety verification of model helicopter controller using hybrid input/output automata ». In *Hybrid Systems : Computation and*

Control : 6th International Workshop, HSCC 2003, Prague, Czech Republic, LNCS 2623 (O. MALER et A. PNUELI (eds.)), pages 343–358, Springer, april 2003.

[11] C. BELTA, P FININ, L. HABETS, A. HALASZ, M. IMIELINSKI, R. Vijay KUMAR et H. RUBIN, « Understanding the bacterial stringent response using reachability analysis of hybrid systems ». In *Hybrid Systems : Computation and Control : 7th International Workshop, HSCC2004, Philadelphia, PA, USA, LNCS 2993* (R. ALUR et G. J. PAPPAS (eds.)), pages 111–125, Springer, 2004.

[12] T. DANG, *Vérification et synthèse des systèmes hybrides*. Thèse de Doctorat, INPG, octobre 2000.

[13] K.H. JOHANSSON, J. LYGEROS, S. SASTRY et M. EGERSTEDT, « Simulation of Zeno hybrid automata ». In *Proc. IEEE CDC*, 1999.

[14] Z. SARAH et M. MATHIEU, « Systèmes hybrides discrets/continus ». Rapport, 2007.

[15] J. ZAYTOON, *Systèmes dynamiques hybrides*. Systèmes Automatisés, 2001.

[16] M. W. HIRSCH et S. SMALE., *Differential Equations, Dynamical Systems and Linear Algebra*. 1974.

[17] A. RONDPIERRE, *Algorithmes hybrides pour le contrôle optimal des systèmes non-linéaires*. Thèse de doctorat, Insitut National Polytechnique de Grenoble, 2006.

[18] G. FERRARI-TRECATE, F.A. CUZZOLA et M. MORARI, « Analysis of discrete-time piecewise affine systems with logic states ». In *Hybrid Systems : Computation and Control, LNCS 2289, HSCC2002* (C.J. TOMLIN et M.R. GREESTREET (eds.)), pages 164–178, Springer, 2002.

[19] J.M. GONCALVES, A. MEGRETSKI et M.A. DAHLEH, « Global analysis of piecewise linear systems using impact maps and surface Lyapunov functions ». In *IEEE Transaction. Automatic Control, 48(12)*, pages 2089–2106, 2003.

[20] E. ASARIN, 0. BOURNEZ, T. DANG et O. MALER, « Effective synthesis of switching controllers for linear systems ». In *IEEE Transaction. Special Issue Hybrid System : Theory and Applications*, 2000.

[21] R. GHOSH, C. TOMLIN et A. TIWARI, « Automated symbolic reachability analysis ; with application to Delta-Notch signaling automata ». In *Hybrid Systems : Computation and Control : 6th International Workshop, HSCC 2003, Prague, Czech Republic, LNCS 2623* (O. MALER et A. PNUELI (eds.)), pages 233–248, Springer, april 2003.

[22] M. SENESKY, G. EIREA et T.J. KOO, « Hybrid modelling and control of power electronics ». In *Hybrid Systems : Computation and Control, LNCS 2623, HSCC2003* (O. MALER et A. PNUELI (eds.)), pages 22–35, Springer, 2003.

[23] E. ASARIN, O. MALER et A. PNUELI, « Reachability analysis of dynamical systems having piecewise-constant derivatives ». In *Theoretical Computer Science*, 1995.

[24] Y. KESTEN, A. PNUELI, J. SIFAKIS et S. YOVINE, « Interation graphs, a class of decidable hybrid systems ». In *Proc. of Workshop on Theory of Hybrid Systems, LNCS 736* (W. KOHN, M. LEMMON, A. NERODE et S.SASTRY (eds.)), pages 179–208, Springer-verlag, 1992.

[25] A. PURI et P. VARAIYA, « Decidability of hybrid systems with rectangular differential inclusions ». In *Computer Aided Verification, CAV'94, LNCS 816*, pages 54–104, Springer-Verlag, 1994.

[26] O. NASRI, M.A. LEFEBVRE, H. GUÉGUEN et J. ZAYTOON, « Vérification de sûreté et atteignabilité des systèmes hybrides ». *Journal Européen des Systèmes Automatisés - JESA*, vol. 41, n°n° 7-8, 2007.

[27] H. GUÉGUEN et J. ZAYTOON, « Vérification des systèmes hybrides ». *Journal Européen des Systèmes Automatisés - JESA*, vol. 38, n°1-2, pages 145–176, 2004.

[28] H. GUÉGUEN et J. ZAYTOON, « On the formal verification of hybrid systems ». *Control Engineering Practice*, vol. 12, n°10, pages 1253–1268, 2004.

[29] P. SCHNOEBELEN, B. BÉRARD, F. LAROUSSINIE, M. BIDOIT et A. PETIT, *Vérification de logiciels : techniques et outils du model-checking*. Vuibert, 2004.

[30] F. CASSEZ, T HENZINGER et J.F. RASKIN, « A comparison of control problems for timed and hybrid systems ». In *Hybrid Systems : Computation and Control : 5th International Workshop, HSCC 2002, Stanford, CA, USA, LNCS 2289* (C.J. TOMLIN et M.R. GREENSTREET (eds.)), pages 134–148, Springer, march 2002.

[31] C. TOMLIN, I. MITCHELL, A. BAYEN et M. OISHI, « Computational techniques for the verification of hybrid systems ». *Proceeding of the IEEE*, vol. 91, pages 986–1001, July 2003.

[32] A. CHUTINAN et B. KROGH, « Computation techniques for hybrid system verification ». *IEEE Trans. on Automatic Control*, vol. 48, pages 64–75, 2003.

[33] P. TABUADA, G. PAPPAS et P. LIMA, « Composing abstractions of hybrid systems ». In *Hybrid Systems : Computation and Control : 5th International Workshop, HSCC 2002, Stanford, CA, USA, LNCS 2289* (C.J. TOMLIN et M.R. GREENSTREET (eds.)), pages 436–450, Springer, march 2002.

[34] R. ALUR, F. IVANCIC et T. DANG, « Progress on reachability analysis of hybrid systems using predicate abstraction ». In *Hybrid Systems : Computation and Control : 6th International Workshop, HSCC 2003, Prague, Czech Republic, LNCS 2623* (O. MALER et A. PNUELI (eds.)), pages 4–19, Springer, april 2003.

[35] A. FEHNKER, E. CLARKE, S. JHA et B. KROGH, « Refining abstractions of hybrid systems using counterexample fragments ». In *Hybrid Systems : Computation and Control : 8th International Workshop, HSCC2005, Zurich, Switzerland, LNCS 3414* (M. MORARI et L. THIELE (eds.)), pages 242–257, Springer, march 2005.

[36] O. STURSBERG, A. FEHNKER, Z. HAN et B. KROGH, « Verification of a cruise control system using counterexample-guided search ». *Control Engineering Practice*, vol. 12, 2004.

[37] A. TIWARI et G. KHANNA, « Nonlinear systems : approximating reach sets ». In *Hybrid Systems : Computation and Control : 7th International Workshop, HSCC2004, Philadelphia, PA, USA, LNCS 2993* (R. ALUR et G. J. PAPPAS (eds.)), pages 600–614, Springer, 2004.

[38] R. ALUR, T. DANG et F. IVANCIC, « Reachability analysis of hybrid systems via predicate abstraction ». In *Hybrid Systems : Computation and Control : 5th International Workshop, HSCC 2002, Stanford, CA, USA, LNCS 2289* (C.J. TOMLIN et M.R. GREENSTREET (eds.)), pages 35–48, Springer, march 2002.

[39] S. RATSCHAN et Z. SHE, « Safety verification of hybrid systems by constraint propagation based abstraction refinement ». In *Hybrid Systems : Computation and Control : 8th International Workshop, HSCC2005, Zurich, Switzerland, LNCS 3414* (M. MORARI et L. THIELE (eds.)), pages 573–589, Springer, march 2005.

[40] S. BLOUIN, M. GUAY et K RUDIE, « Discrete abstractions for two dimensional nearly integrable continuous systems ». In *ADHS03 : IFAC conference on Analysis and Design of Hybrid Systems, Saint-Malo, France* (S. ENGEL, H. GUÉGUEN et J. ZAYTOON (eds.)), pages 343–348, IFAC, Elsevier, juin 2003.

[41] M. KLOETZER et C. BELTA, « Reachability analysis of multi-affine systems ». In *Hybrid Systems : Computation and Control : 9th International Workshop, HSCC2006, Santa Barbara, CA, USA, LNCS 3927* (J HESPANHA et A TIWARI (eds.)), pages 348–362, Springer, march 2006.

[42] K.L. MCMILLAN, « Symbolic Model Checking ». In *Kluwer Academic*, 1993.

[43] O. STURSBERG et B. KROGH, « Efficient representation and computation of reachable sets for hybrid systems ». In *Hybrid Systems : Computation and Control : 6th International Workshop, HSCC 2003, Prague, Czech Republic, LNCS 2623* (O. MALER et A. PNUELI (eds.)), pages 482–497, Springer, april 2003.

[44] S. YOVINE, « Kronos : A verification tool for real-time systems ». In *Software Tools for Technology Transfer*, vol. 1(1), pages 123–133, 1997.

[45] K. LARSEN, P. PETTERSON et W. YI, « Uppaal in a nutshell ». In *Software Tools for Technology Transfer*, vol. 1(1), 1997.

[46] T. HENZINGER, P.H. HO et H. WONG-TOI, « HyTech : A Model Checker for Hybrid Systems ». *International Journal on Software Tools for Technology Transfer*, vol. 1, pages 110–122, 1997.

[47] G. FREHSE, « PhaVer : algorithmic verification of hybrid systems past HyTech ». In *Hybrid Systems : Computation and Control : 8th International Workshop, HSCC2005, Zurich, Switzerland, LNCS 3414* (M. MORARI et L. THIELE (eds.)), pages 258–273, Springer, march 2005.

[48] A. TIWARI, « Approximate reachability for linear systems ». In *Hybrid Systems : Computation and Control : 6th International Workshop, HSCC 2003, Prague, Czech Republic, LNCS 2623* (O. MALER et A. PNUELI (eds.)), pages 514–525, Springer, april 2003.

[49] E. RODRIGUEZ-CARBONELL et A. TIWARI, « Generating polynomial invariance for hybrid systems ». In *Hybrid Systems : Computation and Control : 8th International Workshop, HSCC2005, Zurich, Switzerland, LNCS 3414* (M. MORARI et L. THIELE (eds.)), pages 590–605, Springer, march 2005.

[50] S. PRAJNA et A. JADBABAIE, « Safety verification of hybrid systems using barrier certificates ». In *Hybrid Systems : Computation and Control : 7th International Workshop, HSCC2004, Philadelphia, PA, USA, LNCS 2993* (R. ALUR et G. J. PAPPAS (eds.)), pages 477–492, Springer, 2004.

[51] S. GLAVASKI, A. PAPACHRISTODOULOU et K. ARIYUR, « Safety verification of controlled advanced life support system using barrier certificates ». In *Hybrid Systems : Computation and Control : 8th International Workshop, HSCC2005, Zurich, Switzerland, LNCS 3414* (M. MORARI et L. THIELE (eds.)), pages 306–321, Springer, march 2005.

[52] H. YAZAREL et G. PAPPAS, « Geometric programming relaxations for linear systems reachability ». In *American Control Conference*, 2004.

[53] H. YAZAREL, S. PRAJNA et G.J. PAPPAS, « SOS for safety ». In *43rd IEEE CDC*, 2004.

[54] S. PRAJNA et A. RANTZER, « Primal-dual tests for safety and reachability ». In *Hybrid Systems : Computation and Control : 8th International Workshop, HSCC2005, Zurich, Switzerland, LNCS 3414* (M. MORARI et L. THIELE (eds.)), pages 542–556, Springer, march 2005.

[55] T.A. HENZINGER, P.H. HO et H. WONG-TOI, « Algorithmic analysis of nonlinear hybrid systems ». *IEEE Trans. on Automatic Control*, vol. 43, n°4, pages 540–554, april 1998.

[56] M.A. LEFEBVRE et H. GUÉGUEN, « Hybrid abstractions of affine systems ». *NonLinear Analysis*, vol. 65, pages 1150–1167, September 2006.

[57] A. GIRARD, « Reachability of uncertain linear systems using zonotopes ». In *Hybrid Systems : Computation and Control : 8th International Workshop, HSCC2005, Zurich, Switzerland, LNCS 3414* (M. MORARI et L. THIELE (eds.)), pages 291–305, Springer, march 2005.

[58] E. ASARIN, T. DANG, G. FREHSE, A. GIRARD, C. Le GUERNIC et O.MALER, « Recent progress in continuous and hybrid reachability analysis ». In *CACSD06, Munich, Germany,*, october 2006.

[59] T. HICKEY et D. WITTENBERG, « Rigourous modelling of hybrid systems using interval arithmetic constraints ». In *Hybrid Systems : Computation and Control : 7th International Workshop, HSCC2004, Philadelphia, PA, USA, LNCS 2993* (R. ALUR et G. J. PAPPAS (eds.)), pages 402–416, Springer, 2004.

[60] A. GIRARD, « Relations de simulation approchées pour la vérification des systèmes dynamiques continus et hybrides ». In *Présentation GT Systèmes dynamiques hybrides du GDR MACS, Paris, France*, page http ://www.rennes.supelec.fr/sdh/reunions.html, février 2006.

[61] T. DANG, « Approximate reachability computation for polynomial systems ». In *Hybrid Systems : Computation and Control : 9th International Workshop, HSCC2006, Santa Barbara, CA, USA, LNCS 3927* (J HESPANHA et A TIWARI (eds.)), pages 138–152, Springler, March 2006.

[62] A.B. KURZHANSKI et P. VARAIYA, « Ellipsoïdal techniques for reachability analysis ». In *Hybrid Systems : Computation and Control : third International Workshop, HSCC 2000, Pittsburgh, PA, USA, LNCS 1790* (Nancy LYNCH et Bruce H. KROGH (eds.)), pages 202–214, Springer, march 2000.

[63] N.S. NEDIALKOV, K.R. JACKSON et G.F. CORLISS, « Validated solutions of initial value problems for ordinary differential equations ». *Applied Mathematics and Computation*, vol. 105, pages 21–68, 1999.

[64] R. BAGNARA, E. RICCI, E. ZAFFANELLA et P.M. HILL, « Possibly not closed convex polyhedra and the Parma Polyhedra Library ». In *Proc. of Int Symp on Static Analysis LNCS 2477* (M.V. HERMENEGILDO et G. PUEBLA (eds.)), pages 213–229, Springer, 2002.

[65] W. KÜHN, « Zonotope dynamics in numerical quality control ». In *Mathematical Visualization* (H.-C. HEGE et K. POLTHIER (eds.)), pages 125–134, Springer, 1998.

[66] Christophe COMBASTEL, « A state bounding observer based on zonotopes ». In *ECC : The 7th Workshop on Elliptic Curve Cryptography*, 2003.

[67] E. ASARIN et T. DANG, « Abstraction by projection and application to multi-affine systems ». In *Hybrid Systems : Computation and Control : 7th International Workshop,*

HSCC2004, Philadelphia, PA, USA, LNCS 2993 (R. ALUR et G. J. PAPPAS (eds.)), pages 32–47, Springer, 2004.

[68] Z. HAN et B. KROGH, « Reachability analysis for affine systems using ε-decomposition ». In *ECC CDC 2005*, IEEE - EUCA, december 2005.

[69] Z. HAN et B. KROGH, « Reachability analysis of large-scale affine systems using low-dimensional polytopes ». In *Hybrid Systems : Computation and Control : 9th International Workshop, HSCC2006, Santa Barbara, CA, USA, LNCS 3927* (J HESPANHA et A TIWARI (eds.)), pages 287–301, Springer, march 2006.

[70] A. GIRARD, A.A. JULIUS et G. PAPPAS, « Approximate simulation relations for hybrid systems ». In *2nd IFAC Conference on Anlysis and Design of Hybrid Systems, ADHS06*, (C.G. CASSANDRAS, A. GIUA, C. SEATZU et J. ZAYTOON (eds.)), pages 106–111, june 2006.

[71] E ASARIN, T. DANG et A. GIRARD, « Reachability analysis of non-linear systems using conservative approximation ». In *HSCC2003* (O. MALER et A. PNUELI (eds.)), pages 20–35, Springer, april 2003.

[72] E. ASARIN, G. SCHNEIDER et S. YOVINE, « Towards computing phase portraits of polygonal differential inclusions ». In *Hybrid Systems : Computation and Control : 5th International Workshop, HSCC 2002, Stanford, CA, USA, LNCS 2289* (C.J. TOMLIN et M.R. GREENSTREET (eds.)), pages 49–61, Springer, march 2002.

[73] Thomas A. HENZINGER, Benjamin HOROWITZ, Rupak MAJUMDAR et Howard WONG-TOI, « Beyond HyTech : Hybrid Systems Analysis Using Interval Numerical Methods ». In *Hybrid Systems : Computation and Control, HSCC'00, LNCS 1790*.

[74] A. GIRARD, C. Le GUERNIC et O. MALER, « Efficient computation of reachable sets of linear time-invariant systems with inputs ». In *Hybrid Systems : Computation and Control : 9th International Workshop, HSCC2006, Santa Barbara, CA, USA, LNCS 3927* (J HESPANHA et A TIWARI (eds.)), pages 257–271, Springer, march 2006.

[75] Marie-Anne LEFEBVRE, *Abstraction pour la vérification de sûreté des systèmes hybrides*. Thèse de Doctorat, Université de Rennes1, 2004.

[76] N. MESLEM, N. RAMDANI et Y. CANDAU, « Atteignabilité hybride des systèmes dynamiques continus par arithmétique d'intervalles ». In *JD MACS, Reims, France*, 2007.

[77] E ASARIN, T. DANG et O. MALER, « The d/dt tool for verification of hybrid systems. ». In *Computer Aided Verification, no 2404 in LNCS* (K.G. Larsen ED BRINKSMA (ed.)), pages 365–370, Springer, 2002.

[78] B. H. Krogh A. Chutinan B. I. SILVA, K. Richeson, « Modeling and verification of hybrid dynamical system using CheckMate ». In *Proc. Int. Conf. on Automation of Mixed Processus ADMP*, 2000.

[79] J. Della DORA, A. MAIGNAN et M. MIRICA-RUSE, « Hybrid computation ». In *ISSAC'01*, pages 101–108, 2001.

[80] M. MIRICA-RUSE, *Contribution à l'étude des systèmes hybrides*. Thèse de doctorat, Insitut National Polytechnique de Grenoble, 2002.

[81] A. GIRARD, *Analyse Algorithmique des Systèmes Hybrides*. Thèse de doctorat, Insitut National Polytechnique de Grenoble, 2004.

[82] E. ASARIN, T. DANG et A. GIRARD, « Hybrization Methods for the Analysis of Nonlinear Systems ». In *Acta Informatica*, 2007.

[83] G.M. ZIEGLER, *Lectures on Polytopes*, vol. 152. Graduate Texts in Mathematics, 1994.

[84] M. KVASNICA, P. GRIEDER, M. BAOTIC et M. MORARI, « Multi-Parametric Toolbox (MPT) ». Rapport, décembre 2003.

[85] D.K. WILDE, « A library for doing polyhedral operations ». Publication Interne n° 785. IRISA, 1993 (accessible à http ://www.irisa.fr/polylib/).

[86] Branko GRÜBAUM, *Convex Polytopes*. Springer.

[87] A. BAYEN, E. CRUCK et C. TOMLIN, « Guaranteed over-approximations of unsafe sets for continuous and hybrid systems : solving the Hamilton-Jacobi equation using viability techniques ». In *Hybrid Systems : Computation and Control : 5th International Workshop, HSCC 2002, Stanford, CA, USA, LNCS 2289* (C.J. TOMLIN et M.R. GREENSTREET (eds.)), pages 90–104, Springer, march 2002.

[88] Alberto BEMPORAD, C.PILIPPI et F.D.TORRISI, « Inner and Outer Approximations of Polytopes Using Boxes ». *Computational Geometry : Theory and Applications*, vol. 27, n°2, pages 151–178, 2003.

[89] A. BHATIA et E. FRAZZOLI, « Incremental search methods for reachability analysis of continuous and hybrid systems ». In *Hybrid Systems : Computation and Control : 7th International Workshop, HSCC2004, Philadelphia, PA, USA, LNCS 2993* (R. ALUR et G. J. PAPPAS (eds.)), pages 142–156, Springer, 2004.

[90] M. BUJORIANU, « Extended stochastic hybrid systems and their reachability problem ». In *Hybrid Systems : Computation and Control : 7th International Workshop, HSCC2004, Philadelphia, PA, USA, LNCS 2993* (R. ALUR et G. J. PAPPAS (eds.)), pages 234–249, Springer, 2004.

[91] M. BUJORIANU et J. LYGEROS, « Reachability questions in piecewise deterministic Markov processes ». In *Hybrid Systems : Computation and Control : 6th International Workshop, HSCC 2003, Prague, Czech Republic, LNCS 2623* (O. MALER et A. PNUELI (eds.)), pages 126–140, Springer, april 2003.

[92] A. FEHNKER et F. IVANCIC, « Benchmarks for hybrid systems verification ». In *Hybrid Systems : Computation and Control : 7th International Workshop, HSCC2004, Philadelphia, PA, USA, LNCS 2993* (R. ALUR et G. J. PAPPAS (eds.)), pages 326–341, Springer, 2004.

[93] A. GIRARD et G. PAPPAS, « Verification using simulation ». In *Hybrid Systems : Computation and Control : 9th International Workshop, HSCC2006, Santa Barbara, CA, USA, LNCS 3927* (J HESPANHA et A TIWARI (eds.)), pages 272–256, Springer, march 2006.

[94] J. KAPINSKI, B. KROGH, O. MALER et O. STURSBERG, « On systematic simulation of open continuous systems ». In *Hybrid Systems : Computation and Control : 6th International Workshop, HSCC 2003, Prague, Czech Republic, LNCS 2623* (O. MALER et A. PNUELI (eds.)), pages 283–297, Springer, april 2003.

[95] R. KUMAR, B. KROGH et P. FEILER, « An onthology based approach to heterogeneous verification of embedded control systems ». In *Hybrid Systems : Computation and Control : 8th International Workshop, HSCC2005, Zurich, Switzerland, LNCS 3414* (M. MORARI et L. THIELE (eds.)), pages 370–385, Springer, march 2005.

[96] R.J.LOHNER, « Enclosing the solutions of ordinary initial and boundary value problems ». In *Computer Arithmethic : Scientific Computation and Programming Languages, Wiley-Teubner Series in Computer Science*, pages 255–286, 1987.

[97] A. TIWARI et G. KHANNA, « Series of abstractions for hybrid automata ». In *Hybrid Systems : Computation and Control : 5th International Workshop, HSCC 2002, Stanford, CA, USA, LNCS 2289* (C.J. TOMLIN et M.R. GREENSTREET (eds.)), pages 465–478, Springer, march 2002.

[98] R. ALUR et D.L. DILL, « A theory of timed automata ». In *Theoretical Computer Science*, 1994.

[99] O. MALER, Z. MANNA et A. PNUELI, « From timed to hybrid systems ». In *Real-Time : Theory in Practice, LNCS 600* (J.W. de BAKKER, C. HUIZING, W.P. de ROEVER et G. ROZENBERG (eds.)), pages 447–484, Springer-Verlag, 1992.

[100] T.A. HENZINGER et V. RUSU, « Reachability verification for hybrid automata ». In *Proceeding of 1st Int. Workshop on Hybrid Systems : Computation and Control, HSCC'99, LNCS 1386*.

[101] R. ALUR, N. COURCOUBETIS, T.A. HENZINGER et P.H. HO, « An algorithmic approach to the Specification and Verification of hybrid systems ». In *Hybrid Systems, LNCS 736*, pages 209–229, 1993.

[102] C.G. CASSANDRAS et S. LAFORTUNE, *Introduction to Discrete Event Systems*. 1999.

[103] Jean-Pierre RICHARD, *Algèbre et Analyse pour l'automatique*. Systèmes Automatisés, 2001.

[104] R. ALUR, T.A. HENZINGER, G. LAFFERRIERE et G. PAPPAS, « Discrete abstraction of Hybrid Systems ». In *Proceeding of the IEEE 88*, pages 971–984, 2000.

Résumé

Les systèmes dynamiques hybrides sont des systèmes dynamiques faisant intervenir explicitement et simultanément des phénomènes ou des modèles de type dynamique continu et événementiel. Dans cette thèse, nous proposons des techniques algorithmiques de vérification formelle de propriétés pour ces systèmes. Ces techniques de vérification se basent sur le calcul de l'espace atteignable à partir d'une région initiale pour déterminer si l'intersection de cet espace avec le domaine à éviter est bien vide.

Notre méthode consiste à partitionner l'espace d'état du système complexe en régions et à approximer pour chacune de ces régions la dynamique du système étudié par une dynamique plus simple.

Nous présentons des extensions à une proposition précédente afin de prendre en compte des incertitudes dans les dynamiques affines. Dans un premier temps cette incertitude est considérée comme invariante. Dans un second temps nous la considérons variante. Cette deuxième extension permet de considérer l'atteignabilité des systèmes non-linéaires.

Mots clés : Systèmes dynamiques hybrides, vérification formelle, analyse d'atteignabilité, hybridisation, abstractions.

Abstract

This thesis offers a practical framework for the formal verification properties of hybrid dynamic systems, that is, systems exhibiting both continuous and discrete dynamics. These verification techniques are based on reachability calculus. In other words, the reachable space from an initial set of states is computed, and this space is then checked for intersection with the set to be of undesirable states.

Our method uses "hybridization method" in order to compute an over approximation of the reachable space. This method is based on a partition of the continuous state space and on an abstraction of the continuous dynamics in each cell by a simpler one.

We present an extension to uncertain systems of an approach which computes the reachable space of autonomous hybrid affine systems. Two cases are distinguished in order to analyze the reachability of these systems. One concerns fixed uncertainties in time and the other time dependant uncertainties variables. An extension of the approach offered for the uncertain hybrid affine systems is then developed to take into account non-linear dynamics. The final result is a reachability algorithm for nonlinear systems which allows to compute conservative approximations.

Keywords : Hybrid dynamics systems, formal verification, reachability analysis, hybridization, abstractions.

www.ingramcontent.com/pod-product-compliance
Lightning Source LLC
Chambersburg PA
CBHW021106210326
41598CB00016B/1348